U0174252

秘境寻优
人工智能中的搜索方法

褚君浩院士　主编

周爱民　等　著

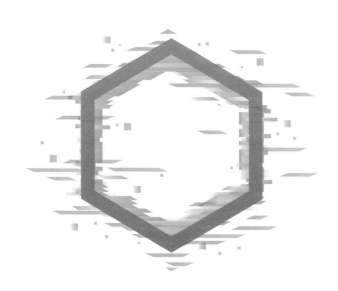

上海科学技术文献出版社
Shanghai Scientific and Technological Literature Press

图书在版编目（CIP）数据

秘境寻优：人工智能中的搜索方法／周爱民等著．—上海：
上海科学技术文献出版社，2022
　　（人工智能前沿丛书／褚君浩主编）
　ISBN 978-7-5439-8497-4

　Ⅰ．①秘…　Ⅱ．①周…　Ⅲ．①搜索引擎—程序设计　Ⅳ．
①TP391.3

　　中国版本图书馆 CIP 数据核字（2021）第 258768 号

选题策划：张　　树
责任编辑：王　　珺
封面设计：留白文化

秘境寻优：人工智能中的搜索方法
MIJING XUNYOU: RENGONG ZHINENG ZHONG DE SOUSUO FANGFA
褚君浩院士　主编　周爱民　等著
出版发行：上海科学技术文献出版社
地　　址：上海市长乐路 746 号
邮政编码：200040
经　　销：全国新华书店
印　　刷：商务印书馆上海印刷有限公司
开　　本：720mm×1000mm　1/16
印　　张：11.75
字　　数：198 000
版　　次：2022 年 2 月第 1 版　2022 年 2 月第 1 次印刷
书　　号：ISBN 978-7-5439-8497-4
定　　价：88.00 元
http://www.sstlp.com

序

人工智能是人类第四次工业革命的重要引领性核心技术。

人类第一次工业革命是热力学规律的发现和蒸汽机的研制，特征是机械化；第二次工业革命是电磁规律的发现和发电机、电动机、电报的诞生，特征是电气化；第三次工业革命是因为相对论、量子力学、固体物理、现代光学的建立，使得集成电路、计算机、激光、存储、显示等技术飞速发展，特征是信息化。现在人类正在进入第四次工业革命，其特征是智能化。智能化时代的重要任务是努力把人类的智慧融入物理实体中，构建智能化系统，让世界变得更为智慧、更为适宜人类可持续发展。智能化系统具有三大支柱：实时获取信息、智慧分析信息、及时采取应对措施。而传感器、大数据、算法和物理系统规律，以及控制、通信、网络等提供技术支撑。人工智能是智能化系统的重要典型实例。

人工智能研究仿人类功能系统，也就是通过研究人类的智能与行为规律，发现人类是如何认知外在世界、适应外在世界的秘密，从而掌握规律，把人类认知与行为的智慧融入一个实际的物理系统，制备出能够具有人类功能的系统。它能像人那样具备观察能力、理解世界；能听会说、善于交流；能够思考并能推理；善于学习、自我进化；决策、操控；互相协作，也就是它能够看、听、说、识别、思考、学习、行动，从简单到复杂，从事类似人的工作。人类的智能来源于大脑，类脑机制是人工智能的顶峰。当前人工智能正在与各门科学技术、各类产业、医疗健康、经济社会、行政管理等深度融合，并在融合和应用中发展。

"人工智能前沿科学丛书"旨在用通俗的语言，诠释目前人工智能研究的概貌和进展情况。上海科学技术文献出版社及时组织出版的这套丛书，主笔专家均为人工智能研究领域各细分学科的著名学者，分别从智能体构建、人工智能中的搜索与优化、构建适应复杂环境的智能体、类脑智能机器人、智能运动控制系统，以及人工智能的治理之道等方面讨论人工智能发展的若干进展。在丛书中可以了解人工智能简史、人工智能基本内涵、发展现状、标志性事件和无人驾驶汽车、智能机器人等人工智能产业发展情况，同时也讨论和展望了人工智能发展趋势，阐述人工智能对科技发展、社会经济、道德伦理的影响。

该丛书可供各领域学生、研究生、老师、科技人员、企业家、公务员等涉及人工智能领域的各类人才以及对人工智能有兴趣的人员阅读参考。相信该丛书对读者了解人工智能科学与技术、把握发展态势、激发兴趣、开拓视野、战略决策等都有帮助。

中国科学院院士
中科院上海技术物理研究所研究员、复旦大学教授
2021 年 11 月

目　录

第 一 章

概述

1.1　搜索和优化的背景

在漫长的进化过程中，人类逐渐获得一些非常神奇的能力，比如搜索和优化，它能帮助人类在众多可选的方案中寻找最优或接近最优的方案。在实际生活和工作中，人们总是会自觉或不自觉地使用这样一项能力。比如在远古时代，为了生存，我们的祖先需要狩猎猛犸象这样的大型动物，显然单个的人无法完成这样的工作，需要很多人的通力合作。这其中要考虑很多因素，比如如何排兵布阵、如何攻击、如何避免被猛犸象所伤等等，狩猎行动实际是一个复杂的系统工程。一次次成功的狩猎，实际上就是一个狩猎方案在不断改进和完善中臻于最优的过程。只有不断总结、不断提升，我们的祖先才能在恶劣的环境中以小博大并生存下来。又比如在目前的一些电商节中，电商们总是给我们发送各种各样的打折卡或优惠券，令人忧伤的是，电商们同时也会设置各种使用限制条件。那么我们怎样才能使这些打折卡和优惠券最大程度地体现"优惠"属性呢？我们消费者总是期待能在付出最少真金白银的情况下清空购物车。这个问题实际是一个排列组合问题，我们需要寻找一种最优的优惠券组合方案。再比如，我们日常生活中常用的导航，假设一位游客要从上海的人民广场到迪士尼乐园，这就需要一个路径导航。我们现在已经很少摊开纸质地图来寻找交通路线了，打开手机导航软件，输入出发地点和目的地点，再输入一些条件如用时最少、换乘最少、高速优先等，导航软件就会自动搜索一条符合要求的路线。这个应用背后实际也是一个复杂的路径搜索和优化问题。我们还可以举出很多这样的例子，需要用到搜索和优化的方法来对问题进行求解。这些例子说明，不论是古代的狩猎行为，还是现代的购物和导航，都涉及搜索和优化的技术。搜索和优化是人类的一项智能行为，也是人类区别于其他低等生物的一项本领。

人工智能是一个多学科交叉的学科领域，它研究如何通过计算机来模仿人类的智能行为，来辅助人类解决一些复杂的问题，并进一步提升人类的智能。作为人类的一项重要的本领，搜索和优化也是人工智能领域里的一个重要的基础研究领域。那么什么是人工智能领域里的搜索和优化呢？在日常生活和学习中，我们或多或少听过一些词语，比如规划、搜索、优化、优选、实验设计等，这些词语所表达的意思具有一定的共性，即搜寻最优的方案。

1.2　什么是搜索和优化

　　搜索和优化，实际上有两个层面的含义，第一个层面是搜索和优化问题，第二个层面是搜索和优化方法。首先来看第一个层面。为了便于理解和沟通，我们通常采用一种形式化的方法来描述我们所要解决的问题。这也是人工智能科学研究里所惯用的一种方法，我们通常把一些现实的问题抽象成一个理论问题或者一个数学问题，然后我们再来设计方法对这个问题进行求解。假定我们采用数学符号 x 来表示一个要求解的方案，它可以是一种狩猎计划、一种优惠券的使用方案，抑或一条从城市中的某个地方到另外一个地方的路径，同时我们用符号 Ω 来表示所有可能的方案，用 $f(x)$ 来表示对一个方案 x 质量优劣的评定指标，那么我们可以用如下形式化的形式来定义一个搜索和优化问题。

$$\min f(x)$$
$$s.\,t.\,x \in \Omega$$

　　其中，min表示是来求这个评定指标的极小值，如果是求指标的极大值则可改用max表示，也可在指标前加上负号等价转换为求极小值；s.t.是subject to 的缩写，表示问题求解的约束是 $x \in \Omega$，即方案 x 必须来自符合要求的方案集合 Ω。现实世界中的各种搜索和优化问题总是千变万化，那么我们就可以通过上述形式化的方法，把这些问题用大家熟悉的共同的语言表述出来，方便理解和求解。这也是我们人工智能求解现实生活问题中的一个很重要的部分，我们把问题从自然语言描述转变为形式化描述的过程称为问题的建模。

　　其次，我们从搜索和优化方法的层面来分析，即我们怎么来求解这样一些搜索和优化问题？以导航问题为例，假设从城市的一个地点 A 到城市的另外一个地点 B 去，我们自然想到的一个方法就是把从 A 到 B 的所有可能的路径都罗列出来，然后我们一个个来加以试探，从中找出最佳的一个方案。这样一种将所有可能的方案列出来一一验证，从而找出最优方案的方法叫穷举法，它是一种最为朴素的搜索和优化方法。事实上，人工智能中很多的搜索和优化方法就是从穷举法这个朴素的想法中逐渐发展起来的。我们知道，电脑跟人脑最大的区别在于电脑的计算速度特别快，那么我们就可以利用电脑的这样一个特征来进行穷举搜索和优化。回到路径导航问题，假设 A 点和 B 点之间要经过 5 个中间节点，那么所有路径就是这 5 个中间节点的排列组合，一共有多少种可能呢？所有可能的排列组合是 $5 \times 4 \times 3 \times 2 \times 1 = 120$ 种（需要注意的是，并非所有的排列组合都是合理的路径，是否合理也需要进行判断，所以所有组合仍然需要搜索）。对于这120种可能，计算机可以轻而易举地把这120种可能全部罗列出来，并寻找出最优的路径方案，这几乎可以在眨眼之间完成。然而对于像上海这样规模的一座城市，城市中的路口、道路、门牌号等节点数目非常之多，如果采用穷举法列出所有可能的排列几乎是不可能的事情。假设 A 和 B 之间有100个中间节点，则所有排列组合是 $100! \approx 9.33 \times 10^{157}$ 种，假设计算机1秒钟能罗列1000种可能，完全把这些排列罗列完则大约需要 2.96×10^{148} 年。如果中间节点数量更多，则需要更多的时间，相比之下宇宙的年龄大约是 1.25×10^{6} 年，这么长的计算时间目前的计算机能力显然还办不到。这种现象在计算机中又称为组合爆炸，它指随着搜索和优化问题规模的不断增大，解的组合量也会迅速增加，且往往是以指数形式增加，最终导致计算机无法罗列所有组合。

　　显然，我们前面介绍的穷举法在这样一种组合爆炸的问题面前失去了它的威力，穷举法只能求解小规模的问题，没法求解大规模的问题。而现实生活中，我们面临的搜索和优化问题往往非常非常复杂，规模也可能非常大，那么我们怎么来求解这样一些搜索和优化问题呢？穷举法虽然是一个最基本、最理想的搜索和优化方法，但却是很多其他方法的一个起源，很多方法正是在穷举法的基础上修改发展起来的。我们再次回头来看看穷举法，为何它在碰到大规模问题的时候就失效了呢？一个最根本的原因在于目前的计算机无法在有限时间（一般会非常短，如几秒钟）内罗列所有可能的排列组合从而找到问题的最优解。那么我们能否退而求其次，在限定计算资源的前提下，我们不一定要找到问题的最优的解，而只是求得一个令人非常满意的解呢？通常，在路径导航中，我们不一定非要找到从 A 点到 B 点的最优路径，只要一条差不多的或者不那么差的路径就可以了。所以，在现实生活中，我们不总是需要最优解，次优解也是可行的。这样就为人工智能领域的搜索和优化方法设计打开了一扇门，在有限的计算资源前提下，罗列出搜索空间 Ω 的一个子集中的所有方案，从中寻找出一个相对较优的方案，作为对原问题最优方案的一个近似。

　　对于这样一种求解近似最优解的方法，我们面临一个关键问题，即我们如何从 Ω 中挑出来它的一个子集？一方面，我们希望子集尽可能小，这样的话我们在有限的计算资源里能够解决这样的问题；另一方面，我们又希望子集尽可能大，这样才有最大可能包含我们所期望的最优解。这两个期望显然是矛盾的，一些常见的人工智能方法正是围绕这个关键问题展开的，在近似最优解的质量和计算资源两者间寻找一种平衡，这是智能搜索和优化算法设计的一个基本原则。

我们通常有这样一种想法，期望在某个问题上有个一劳永逸的解决方法，那对于搜索和优化问题，有没有一个永动机似的求解方法呢？我们前面分析过了，穷举法正是这样一个永动机似的求解方法，但是很可惜，现在的计算机或者说计算资源还不足以支持这个求解方法。本质上来说，穷举法不是一个智能的算法，因为它对于所有的问题一视同仁，均采用最笨的策略来罗列所有可能的排列组合。为了让求解方法带有智能，它需要分析所求解的问题的特性，并以此设计独特的求解方法，也就是要具体问题具体分析。这也是智能搜索和优化算法设计的另一个重要原则。也就是说，我们要针对一些具体的问题来设计特有的算法，算法要尽可能多地利用问题的信息，这样一方面可以降低 Ω 子集的大小，另一方面也尽可能地通过这些信息来保证所选的子集能包含问题的最优解。

1.3 搜索和优化有哪些类别

我们已经对搜索和优化问题的形式化描述有了基本的了解，也介绍了一个基本的求解方法——穷举法，以及在实际应用中可能碰到的挑战及其求解的基本的思想。在人工智能领域里，我们会碰到各种各样的搜索和优化算法，对于这些方法我们可以从问题和方法两个层面来进行初步的归类。

首先，我们从问题的角度来考虑。

- **根据变量 x 的特点分类**：我们可以把问题分为连续问题、离散问题和混合问题。连续问题是指问题的变量是连续变化的，类似温度、气压这样一些变量，它们总是在一个范围内取连续变化的值。另外一些问题的变量不是连续的，比如说用来描述产品件数、报纸份数之类的值，它们只能取有限范围的整数，这类问题也称为离散问题。混合问题是指部分变量是连续的、部分变量是离散的，比如在深度网络学习中，网络的结构是离散变量，网络的权重就是连续变量。
- **根据方案集合的特征**：我们又可以将问题分为无约束问题和有约束问题。无约束问题是指对于变量 x 的取值没有限定。相对应的，约束问题是指对变量x的取值有所限定。如某些变量之间具有一定的关联关系，需要用不等式或等式的形式表述出来，比如我们在"双11"购物节期间，限定购物所用金额上限1000元，这样就能保证我们不会无节制乱购买以至于收支失衡。

- **根据指标函数f(x)的特征进行划分**：从指标函数的数目角度，可以分为单目标问题和多目标问题，前者只考虑一个指标函数，后者同时考虑多个指标函数。例如在路径导航中，我们一方面要求路径要最短，另一方面还要求时间最短，这就可以将其定义为多目标问题。根据f(x)求解的稳定性，我们可以划分出鲁棒问题；根据f(x)的求解代价，我们可以划分出高代价问题。

当然，我们还有很多其他的划分标准。需要说明的是，一个搜索和优化问题可以具有多种特征，因此可以归到不同的类别之中，如对于路径导航问题，它是一个离散问题，可以带有约束，也可以是一个多目标问题。

其次，我们也可以从方法原理的角度来对问题进行划分。

- **经典方法**：这类搜索和优化方法通常对问题有较强的数学假设，如要求问题是线性问题、问题是连续可导等，因此这类方法以数学理论为指导，算法的搜索的性能能够通过数学证明加以保证。

- **构造方法**：这类方法的基本流程是从无到有来生成一个问题的解。对于路径导航问题，从城市的A点到B点，可以从A点出发走到C点，然后走到D点，这样一步步往前走直到到达B点，这个过程中逐渐把最优路径构造出来。需要指出的是，这类方法在构造过程中不是只产生一个解，而是可能生成多个解。

- **筛选方法**：这类方法的基本想法是生成一组完整有效的候选解，然后从这组候选解中筛选出符合要求的解。对于路径导航问题，我们可以产生从A点到B点的5种可能解，对每一种解都测试一下，并从中选择最好的一个解，这个过程就是先产生再筛选。

当然，还有其他的分类维度。如方法可以分为确定性方法和随机性方法，前者指当算法执行的时候，每次都可以得到相同的结果，而后者指在方法中引入一些随机的、不确定性的因素，这样每次执行结果可能会不一样。另外，也可以把方法分为单点法和多点法，前者用一个点（解）来搜索问题的最优解，后者用多个点进行同步合作来共同搜索问题的最优解。

1.4　搜索和优化的发展简史

搜索和优化伴随着人类的进化逐渐发展起来，但是在绝大部分时间里它都是被动发展的，直到二十世纪三四十年代的第二次世界大战，才将搜索和优化推上历史的舞台。在第二次世界大战中，以英国为首的一些国家为了有效利用有限的战争资源，产生了一门新的学科叫运筹学（Operational Research），专门设计相关的问题求解方法，包括线性规划、动态规划、排队论、博弈论等，用以解决战争中的资源调配等各种复杂问题，以获得最大的战争利益。在战后，这些方法也逐渐扩展到经济、金融等领域。

随着20世纪40年代计算机的发明和应用，以及20世纪50年代人工智能的出现，搜索和优化也逐渐成为人工智能领域的一类基础方法。一方面，各种智能搜索和优化方法大规模涌现；另一方面，各类机器学习模型求解也要求有新的搜索和优化算法的出现。在计算机领域搜索和优化与机器学习总是相辅相成、共同发展。如20世纪80年代人工神经网络的发展依赖于反向传播算法来求解神经网络权重，21世纪10年代压缩感知方法的出现也依赖于稀疏优化方法的发展，当前深度学习领域也日益依赖神经结构搜索（Neural Architecture Search）技术。

搜索和优化既是一个基础问题，也是一类基础计算机方法，具有广阔的发展空间。一方面，随着计算机硬件技术的进步，计算机算力也在飞速提升，以前无法实现的搜索和优化方法可能得以实现；另一方面，新的问题总是不断出现，这也要求有新的搜索和优化方法来适应这样一些新出现的问题。

1.5　小　结

在这一章中，我们介绍了搜索和优化的背景及一些概念，我们从问题的角度和求解方法的角度，分别对搜索和优化进行了介绍，给出了一些常用的分类标准。穷举法是一种最自然的求解方法，但是当面临组合爆炸问题时，穷举法也无能为力，但是它却为未来的方法奠定了基础。

本书主要从方法的角度来介绍人工智能中常用的一些搜索和优化方法。大致可以分为三个部分：第一部分是经典方法，包括线性规划、二次规划和动态规划方法；第二部分是构造方法，包括无信息搜索、启发式搜索、博弈搜索和蒙特卡洛树搜索；第三部分是筛选方法，包括局部搜索、模拟退火、遗传算法及贝叶斯优化。每个章节围绕一个方法展开，介绍其发展历史、基本方法思路、一些简单的示例等。希望通过这样一些介绍，读者能够相对全面了解人工智能中的常用搜索和优化方法，了解对于一些具体的问题怎样采用这些方法来进行求解。

第 二 章

线性规划

2.1　线性规划简史

线性规划（Linear Programming，简称LP）是专门用于求解线性最优化问题的方法。线性规划所求解的问题通常是带有约束条件的优化问题，比如在有限的成本约束条件下取得最大的收益或效益等。线性规划问题的目标函数及约束条件均为线性函数。目标函数既可以求解最小值，也可以求解最大值，而约束条件中的判断符号，可以为小于号、大于号或者等于号。而实际生活中的线性规划问题可以分为两大类：一是对于给定的任务，如何利用最少的资源去完成或实现它；二是在资源紧缺的前提下，如何产生最大的经济效益或社会效益。

线性规划的思想最早是由法国数学家傅里叶（Fourier）在1832年首次提出的，在当时并未受到重视。1939年，苏联数学家康托罗维奇（Kantorovich）首次发表关于线性规划研究的论文《生产组织与计划的数学方法》。随后，美国科学家丹齐克（G.B.Dantzig）在服役期间使用线性规划解决了一系列管理问题，并加以总结，在1947年期间提出了"单纯形法"和线性规划的一般模型，为线性规划奠定了一定的基础，丹齐克也因此被誉为线性规划之父。在20世纪50年代，科学家们开始着力改进单纯形法并分析该算法的优劣，以解决更多的问题。好的算法在问题的规模增大时并不会有明显的缺陷，而差的算法则对问题的规模比较敏感。同年，美国数学家约翰·冯·诺依曼（J.vonNeumann）提出了对偶理论，不仅开拓了线性规划的研究领域，也拓宽了其应用范围，一定程度上推进了线性规划的发展。而在20世纪50年代后，科学家们对线性规划的算法进行了一系列的分析和理论研究，提出了一大批新的算法，为线性规划领域做出了不容小觑的贡献。例如，盖斯（S.Gas）和萨迪（T.Sadye）等人在线性规划的灵敏度分析和参数规划的问题上有所造诣，塔克（A.Tucker）提出了互补松弛定理，丹齐克和沃尔夫（P.Wolf）提出了分解算法等等。在1979年，一位苏联数学家哈奇安（L.G.Khachian）提出了一种新的求解线性规划的算法，叫"椭球法"，但是经过所有的计算实验都表明椭球算法不如单纯形法，这种算法只胜在理论而失于实际的运用中。直到1984年，美国贝尔实验室的一名印度裔研究员卡马卡（Karmarkar），提出了一种"内点算法"，这个算法在解决实际问题的时候要优于之前的单纯形法，对整个线性规划领域产生了深远的影响。

　　自从1947年丹齐克提出线性规划的求解方法——单纯形法以来，在众多科学家们的共同努力下，线性规划的理论愈发成熟，在实际的应用中也是大放异彩。线性规划广泛应用于各个领域，如工程技术、经济分析、人工智能等。线性规划与计算机技术的结合使得线性规划的应用愈加广泛，已经成为现代求解最优化问题经常采纳的基本方式之一。利用计算机进行线性规划求解，能够处理数万个约束条件以及决策变量，用于解决各类错综复杂的生产设计、成本规划、最优搜索、质量及技术改造等线性规划问题。同时也出现了许多线性规划的软件，如MPSX、UMPIRE、OPHEIE等，这些软件使得人们可以更加方便快速地求解线性规划问题。随着人工智能领域的快速发展，线性规划在人工智能领域中也得到了广泛应用。目前人工智能探索了一系列的搜索方法，将人工智能技术与信息检索技术相结合进行智能化搜索，极大程度地提高了搜索效率，其中就包括使用线性规划来进行智能检索。人工智能中的线性规划搜索方法能够正确地理解并分析用户所提供的关键词，从而有效并快速地查找出用户所需要的信息，在最大程度上满足用户对信息知识的需求。

2.2　线性规划模型

　　一般来说，利用线性规划解决问题就是求线性函数在线性约束的条件下的最大化或最小化的问题。求解线性规划问题就是在多组解决方案中找到最优的解决方案。其中决策变量、约束条件、目标函数是线性规划的三个必须要素。而线性规划模型需要满足如下两个条件：

　　（1）目标函数必须是关于决策变量的线性函数。根据具体问题，函数可以是最大化或最小化，统称为最优化，如公式（2.1）所示。

　　（2）约束条件必须是包含决策变量的线性等式或不等式，如公式（2.2）所示。

$$z = \sum_{j=1}^{n} c_j \, x_j \tag{2.1}$$

$$\text{s.t.} \begin{cases} \sum_{j=1}^{n} a_{ij}x_j = b_i & i = 1,2,\dots,m \\ x_j \geq 0 & j = 1,2,\dots,n \end{cases} \tag{2.2}$$

其中 a 和 c 为给定的问题参数。

在针对实际问题建立数学模型的时候，首先要根据目标找到对应的决策变量，然后再由目标与决策变量的函数关系确定目标函数，最后找到决策变量的限制条件，即它的约束条件。当我们得到的数学模型的目标函数为线性函数，约束条件为线性等式或不等式时称此数学模型为线性规划模型。

2.3　图解法求解

图解法指的是将线性规划问题用画图的方式表示出来，通过观察就可以得出线性规划的解，简单直观，有助于更好地理解线性规划的含义以及求解线性规划的基本概念原理。

一个线性规划问题有解，指的是能够找到一组决策变量满足所有的约束条件。线性规划的可行解就是这组决策变量，而最优解就是可行解中使得线性规划目标函数达到最优值的决策变量。由所有可行解构成的区域称为可行域。对于只有两个决策变量的线性规划问题，由于变量的取值可以用二维坐标系上的点来表示，因此可以用图解法进行求解。图解法不仅简单直观，而且有利于我们了解线性规划的含义和基本原理。但是图解法的实用价值并不大，因为这种方法适用于只有两个变量的线性规划问题，局限性较大。

图解法的求解思路如下：

步骤1： 取决策变量为坐标向量建立直角坐标系。在坐标系里，点代表了一个可行性解，而点的一个坐标值代表了可行性解的一个决策变量。

步骤2： 每个约束条件都代表一个半平面。对每个约束条件（不等式），先将约束条件的不等式变为等式，找到其在坐标系中对应的直线，然后根据不等号的含义，确定不等式所决定的半平面。

步骤3： 取各个约束条件对应的半平面的公共平面。

下面我们利用图解法根据以上步骤来求解以下线性规划问题。

$$\max z = 2x_1 + 3x_2 \tag{2.3}$$

$$\text{s.t.} \begin{cases} 2x_1 + x_2 \leqslant 12 \\ x_1 + 2x_2 \leqslant 8 \\ 4x_1 \leqslant 16 \\ 4x_2 \leqslant 12 \\ x_1, x_2 \geqslant 0 \end{cases}$$

首先，建立以变量 x_1 为横轴，x_2 为纵轴的直角坐标系，非负约束 x_1，$x_2 \geqslant 0$

是第一象限。其次，分别画出 $2x_1+2x_2 \leqslant 12$、$x_1+2x_2 \leqslant 8$、$4x_1 \leqslant 16$ 和 $4x_2 \leqslant 12$ 的函数图。最后，就可以很直观地在图上观察出大概的最优解所在的点。

实际上每一个约束条件均代表一个半平面，例如 $4x_1 \leqslant 16$ 是 $x_1=4$ 这条直线上的点及其左侧的半平面，$4x_2 \leqslant 12$ 为 $x_2=3$ 这条直线上的点及其下方的半平面，而 $x_1+2x_2 \leqslant 8$ 是 $x_1+2x_2=8$ 这条直线上的点及其左下方的半平面。同时满足公式（2.3）中所有约束条件的点如图 2.3.1 中的阴影部分所示，图中所示的凸多边形 OABCD 所包含的阴影部分的区域中的每一个点（包含边界点）都是这个线性规划问题的可行解，该区域称为线性规划问题的可行解区域，即可行域。

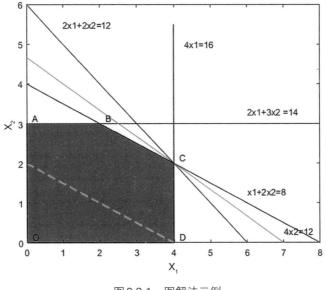

图 2.3.1　图解法示例

目标函数 $z = 2x_1+3x_2$ 可表示为斜率为 $-\dfrac{2}{3}$，截距为 $\dfrac{z}{3}$，即

$$x_2 = -\frac{2}{3}x_1 + \frac{z}{3} \tag{2.4}$$

位于这条直线上的点，有着相同的目标函数，该直线也被称为目标函数的"等值线"。如取 $z = 6$，则直线 $2x_1+3x_2 = 6$ 的截距是 2，如图 2.3.1 所示。随着参数 z 从小到大变化，直线沿其法线方向向右上方移动。一直移动到目标函数直线与可行解区域相切为止，切点即代表最优解的点。当直线移动到 C 点时，目

标函数的值在可行域边界上实现最大化，此时，即得到了公式（2.3）的最优解，即在C点取到唯一最优解。由C点坐标知，最优解为 $x_1=4$，$x_2=2$，最优目标函数值 max $z=14$。

然而，对于一般的线性规划问题的求解还可能出现其他的情况。

（1）最优解不唯一。例如将公式（2.3）中的目标函数改为 $z=2x_1+4x_2$，此时目标函数的等值线与可行域的边界 $x_1+2x_2=8$ 平行。当目标函数值由小变大，即目标函数等值线向右上方移动直至 z 最大。此时目标函数等值线与可行域的边界在BC线段上相切，如图2.3.2所示，则线段BC上任意一点均为线性规划问题的最优解。

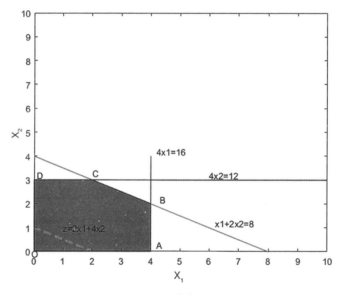

图2.3.2　最优解不唯一

（2）无界解。假如将公式（2.3）中的约束条件改为：

$$\begin{cases} 4x_2 \leqslant 12 \\ x_1, x_2 \geqslant 0 \end{cases} \tag{2.5}$$

通过图2.3.3可以看出，可行域可以向右无限延伸，该问题的可行域无界。目标函数的等值线可以向上方无限移动，目标函数可以无限增大，那么称这种情况为无界解。

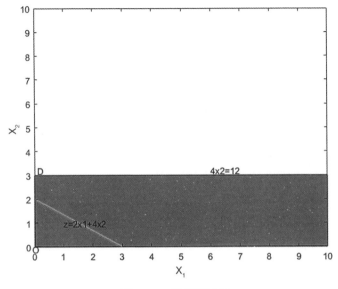

图2.3.3 无界解示例

（3）无可行解。若公式（2.3）中的约束条件改为：

$$\begin{cases} x_1 + x_2 \leqslant 8 \\ 2x_1 + 4x_2 \geqslant 19 \\ x_1, x_2 \geqslant 0 \end{cases} \quad (2.6)$$

根据图解法求解，可以看出满足所有约束的可行解不存在，即可行域为空，说明线性规划问题无可行解。

一般来说，无界解和无可行解出现时，说明线性规划的数学模型有误。前者缺乏必要的约束条件，后者则意味约束条件互相矛盾。通过以上的讨论可以知道，线性规划的解的几种可能情况如图2.3.4所示。

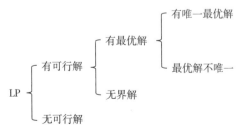

图2.3.4 线性规划解的可能情况

2.4 抗洪抢险中的线性规划

线性规划如今在各个领域中都有广泛应用，在如军事、交通、农业、工业等领域做出了重大贡献。但是在实际的应用中，约束条件因问题而异，有的约束条件甚至达到了成百上千，这就大大增加了问题的难度，解决这类问题就需要计算机的帮助。运输问题是线性规划方法应用得最早以及最富有成果的应用领域之一，它将运输问题作为线性规划问题来描述和求解。运输问题最早是由希区柯克（D. Hitchock）提出的，后来库普曼斯（T. C. Koopmans）又进行了更为详细的论述，而早期的正式研究工作是由康托罗维奇做的，丹齐克首先给出了线性规划模型及系统解法。给出的求解方法是将单纯形法加以改进，使得单纯形法能够适应线性规划问题方程组。在实际的应用中，我们可以将"运输问题"看成一个类型的问题，将其他的问题看成"非运输问题"，例如：物资调运问题。这样我们就可以将线性规划的方法应用到更多的领域之中。

在本节我们将用一个抗洪抢险中物资调运的问题来展示线性规划在实际问题中的应用过程。

在实际的应用中，建立线性规划模型并没有固定的步骤，我们建立的模型往往是发展的。首先，我们要确定哪些是问题的变量、变量之间存在什么样的联系、约束条件是怎样的、产生的目标函数是什么。然后，我们再根据问题信息去解决。在解决问题时，我们难免会遇到约束关系是非线性的问题，我们可以将这些问题用适当的线性函数近似表示，也可以重新定义此问题，使得它符合线性规划的条件。如果以上方法都不可行，我们就只能采用非线性的方法去解决了。

线性规划的方法策略在"运输类"问题的解决中有着广泛的应用，比如抗洪抢险中物资的调运。运输问题是具有特殊结构的线性规划问题，它可以代表一类或者一些具有类似结构的问题。下面我们来介绍什么是运输问题。

运输问题就是将数量分别为 a_1，a_2，$\cdots$，a_m 的同类物品分别从 m 个运输点（运输发点或原点）运出，之后由接收物品数量分别为 b_1，b_2，$\cdots$，b_n 的 n 个接收点（运输收点或目的点）接收，使得总的运输费用最小。我们这样描述物品的运输路线，从第 i 个发点到第 j 个收点可以形成一个组合 (i, j)，单位物品运输的费用已知为 c_{ij}，组合 (i, j) 之间的运输量设为 x_{ij}，显然每个组合之间

的运输费用为 $c_{ij}x_{ij}$。我们要考虑的是如何在有限的成本和在一定时间内将物品从运输点运输至用于网络其他点。下面我们将展示如何应用线性规划的方法策略解决我们现实生活中的问题。

对于简单的线性规划（两个变量）问题，我们可以容易地手动画出问题的几何模型，即问题约束和目标在坐标系中的表示，对于三维甚至更高维度（超过两个或者三个变量）的问题，我们手动画出问题的几何模型就非常麻烦和困难了，需要借助计算机辅助得出问题的几何模型。不管是简单问题还是复杂问题，都需要遵循以下几个步骤：第一，要将问题的限制条件提取出来，这就是我们的约束条件，找出问题的目标就是我们的目标函数，并将其转化为数学模型；第二，在合适的坐标系中将问题的可行域标记出来；第三，求出目标函数在问题可行域内的可行解，可行解的最优值就是我们所要达到的目标，即问题的解。

在某地的抗洪抢险任务中，有两个救灾点甲和乙急需编织袋，分别需要 40 万个和 20 万个，距离这两个救灾点比较近有编织袋的仓库有两个，其中一个仓库 A 有编织袋 50 万个，另一仓库 B 有编织袋 30 万个。将编织袋由 A 仓库运送至甲、乙两地的运输费用分别是 120 元/万个、180 元/万个；将编织袋由 B 仓库运送至甲、乙两地的运费分别是 100 元/万个、150 元/万个。我们怎样调配才能使两地既能得到需要的编织袋，又能保证费用最低呢？

可以参考以下思路用图解法解决此问题。首先，问题的限制条件和目标是清楚的，可以设从 A 仓库调运 x 万个到甲地、y 万个到乙地，总费用为 z 元，则需要从 B 仓库调运 $(40-x)$ 万个到甲地，调运 $(20-y)$ 万个到乙地。从而有约束条件：

$$\begin{cases} x+y \leqslant 50 \\ (40-x)+(20-y) \leqslant 30 \\ 0 \leqslant x \leqslant 40 \\ 0 \leqslant y \leqslant 20 \end{cases}$$

运输成本：$z = 120x + 180y + 100 \times (40-x) + 150 \times (20-y) = 20x + 30y + 7000$

根据上一节的图解法的知识，我们做出不等式组所表示的平面区域，如图 2.4.1 所示。

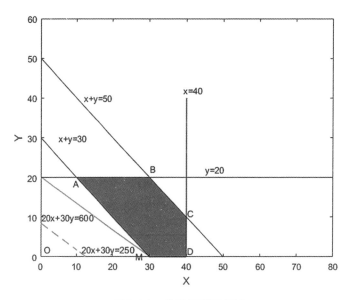

图 2.4.1　抗洪问题可行域

　　令 $z' = z - 7000 = 20x + 30y$，作直线 $l : 20x + 30y = 0$，把直线向右上方平移至 $l_1 : 20x + 30y = 600$ 的位置时，直线经过可行域上的点 M（30，0）且与原点距离最小，即 $x = 30, y - 0$ 时，$z' = 20x + 30y$ 取得最小值，从而

$$z = z' + 7000 = 20x + 30y + 7000$$

亦取得最小值，$z_{min} = 20 \times 30 + 30 \times 0 + 7000 = 7600$（元）。

　　由以上步骤我们得出，从 A 仓库调运 30 万个到甲地，从 B 仓库调运 10 万个到甲地、20 万个到乙地，可使得总运费最小，且总运费的最小值为 7600 元。

第 三 章

梯度法

3.1　概　述

梯度法一般指梯度下降法（Gradient Descent，GD），梯度下降法是一种常用的求解无约束最优化问题的方法，在最优化、统计学以及机器学习等领域有着广泛的应用。是迭代法的一种，可用于求解线性和非线性的最小二乘问题。在机器学习中，梯度下降法是一种常用的优化算法，例如求解无约束优化问题的参数模型。还可以求解损失函数的最小值，通过一步步地迭代求解，得到最小化的损失函数和模型参数值。相反，如果要求解损失函数的最大值时，可采用梯度上升法来迭代求解。

首先来看看梯度下降的一个直观的解释。比如我们在一座大山上的某处位置，由于我们不知道怎样下山，于是决定走一步算一步，也就是在每走到一个位置的时候，求解当前位置的梯度，沿着梯度的负方向，也就是当前最陡峭的位置向下走一步，然后继续求解当前位置梯度，向这一步所在位置沿着最陡峭最易下山的位置走一步。这样一步步地走下去，一直走到觉得我们已经到了山脚。当然这样走下去，有可能我们不能走到山脚，而是到了某一个局部的山峰低处。从解释可以看出，梯度下降不一定能够找到全局的最优解，有可能是一个局部的最优解。当然，如果损失函数是凸函数，梯度下降法得到的解就一定是全局最优解。

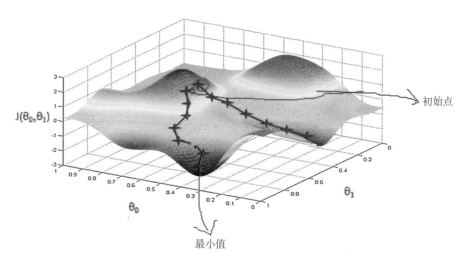

图3.1.1

接下来，我们将从发展历程、原理和应用等方面来介绍梯度法。

3.1.1　什么是梯度

梯度可以理解为一个向量，具有大小和方向。想象一下如果我们在爬山，从我所在的位置出发可以从很多方向上山，而最陡的那个方向就是梯度方向。我们所要优化的函数必须是一个连续可微的函数，可微，既可微分，意思是在函数的任意定义域上导数存在。如果导数存在且是连续函数，则原函数是连续可微的。对函数 $f(x_1, x_2, \cdots, x_n)$ 来讲，关于函数上的每一个点 $P(x_1, x_2, \cdots, x_n)$，我们都可以定义一个向量 $\{\frac{\partial f}{\partial x_1}, \frac{\partial f}{\partial x_2}, ..., \frac{\partial f}{\partial x_n}\}$，这个向量被称为函数 f 在 P 点的梯度 (gradient)，记为 $\nabla f(x_1, x_2, \cdots, x_n)$。函数 f 在 P 点沿着梯度方向最陡，即变化速率最快。对二元函数 $f(x, y)$ 来讲，我们先将函数的偏导数写成一个向量 $\{\frac{\partial f}{\partial x}, \frac{\partial f}{\partial y}\}$，则在点 (x_0, y_0) 处的梯度为 $\{\frac{\partial f}{\partial x_0}, \frac{\partial f}{\partial y_0}\}$。梯度方向是函数上升最快 $x^{(1)} = (x_1^{(1)}, x_2^{(1)})$ 的方向，沿着梯度方向可以最快地找到函数的最大值，而我们要求损失函数的最小值，所以在梯度下降中我们要沿着梯度相反的方向。

3.1.2　梯度下降步骤

假设我们要求解函数 $f(x_1, x_2)$ 的最小值，则在点 $x^{(1)}$ 处的梯度为 $\nabla(f(x^{(1)})) = (\frac{\partial f}{\partial x_1^{(1)}}, \frac{\partial f}{\partial x_2^{(1)}})$，我们可以使用梯度下降来更新 x：$x^{(2)} = x^{(1)} - a * \nabla f(x^{(1)})$ 式中，α 被称为学习率。学习率也被称为迭代的步长，优化函数的梯度一般是不断变化的（梯度的方向随梯度的变化而变化），因此需要一个适当的学习率约束着每次下降的距离不会太多也不会太少。如此我们可以得到下一个点 $x^{(2)}$，重复上述步骤，至函数收敛时，可认为函数取得了最小值。

3.2　梯度法的发展历程

梯度下降法是一种最简单、历史悠长的算法。其最早在20世纪由杰弗里·辛顿（Geoffrey Hinton）等人提出，最初其由很多研究团队各自发表，可他们大多无人问津，而辛顿做的研究完整表述了梯度下降方法，并将其发表于《自然》（Nature）上，从此梯度下降法开始得到业界的关注，并为后面梯度下降法的改进奠定了基础。其发展历程如下：

批量梯度下降法（Batch Gradient Descent, BGD）：批量梯度下降法每次学习都使用整个训练集，因此每次更新都会朝着正确的方向进行，最后能够保证收敛于极值点，凸函数收敛于全局极值点，非凸函数可能会收敛于局部极值点，缺陷就是学习时间太长，消耗大量内存。

随机梯度下降法（Stochastic Gradient Descent, SGD）：SGD一轮迭代只用一条随机选取的数据，尽管SGD的迭代次数比BGD大很多，但一次学习用时非常短。SGD的缺点在于每次更新可能并不会按照正确的方向进行，参数更新具有高方差，从而导致损失函数剧烈波动。不过，如果目标函数有盆地区域，SGD会使优化的方向从当前的局部极小值点跳到另一个更好的局部极小值点，这样可能使非凸函数最终收敛于一个较好的局部极值点，甚至全局极值点。缺点是，出现损失函数波动，并且无法判断是否收敛。

小批量梯度下降法（Mini-Batch Gradient Descent, MBGD）：SGD相比BGD收敛速度快，然而，它也有缺点，那就是收敛时浮动，不稳定，在最优解附近波动，难以判断是否已经收敛。这时折中的算法小批量梯度下降法MBGD就产生了。MBGD就是用一次迭代多条数据的方法，并且如果批量大小（batch size）选择合理，不仅收敛速度比SGD更快、更稳定，而且在最优解附近的跳动也不会很大，甚至得到比BGD更好的解。这样就综合了SGD和BGD的优点，同时弱化了缺点。总之，MBGD比SGD和BGD都好。

而后在梯度更新上进行改进，诞生了带动量的梯度下降法（Momentum）。涅斯捷罗夫加速梯度（Nesterov Accelerated Gradient, NAG），以及自适应梯度算法（AdaGrad）与均根方传递（RMSProp）在学习率上进行改动。AdaGrad能自适应地为各个参数分配不同学习率，解决了不同参数应该使用不同更新速率的问题。随后将RMSProp和带动量的梯度法结合到一起，得到了更强大的目前最常用的Adam优化方法。

我们将在下一节中介绍各种梯度方法的基本原理。

3.3　梯度法的基本原理

3.3.1　随机梯度下降法

批量梯度下降法被证明是一种较慢的算法，所以，我们可以选择随机梯度下降法达到更快的计算。随机梯度下降法的第一步是随机化整个数据集。每次迭代仅选择一个训练样本去计算代价函数的梯度，然后更新参数。即使是大规模数据集，随机梯度下降法也会很快收敛。随机梯度下降法得到结果的准确性虽然不是最好的，但是计算结果的速度很快。在随机化初始参数之后，使用如下方法计算代价函数的梯度：

如下为随机梯度下降法的伪码：

1. 进入内循环；

2. 选择第一个训练样本并更新参数，然后使用第二个实例；

3. 选择第二个训练样本，继续更新参数；

4. 继续选择一个训练样本并更新参数，如此重复n次；

5. 直到达到全局最小值。

```
Repeat{
For i:=1,2,...,m{
```
$$\theta_j := \theta_j - \alpha(h_\theta(x^{(i)}) - y^{(i)})x_j^{(i)}$$
```
(for every j=0,1,...n)
}
}
```

这里m表示训练样本的数量。

如图3.3.1所示，随机梯度下降法不像批量梯度下降法那样收敛，而是游走到接近全局最小值的区域终止。

3.3.2　小批量梯度下降法

小批量梯度下降法是最广泛使用

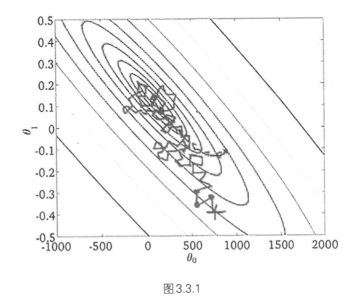

图3.3.1

的一种算法，该算法每次使用 m 个训练样本（即为一批）进行训练，能够更快得出准确的答案。小批量梯度下降法不是使用完整数据集，在每次迭代中仅使用 m 个训练样本去计算代价函数的梯度。一般小批量梯度下降法所选取的样本数量在 50~256 个之间，视具体应用而定。

这种方法减少了参数更新时的变化，能够更加稳定地收敛。同时，也能利用高度优化的矩阵，进行高效的梯度计算。

随机初始化参数后，按如下伪码计算代价函数的梯度：

```
Say b=10,m=1000.
repeat{
for i= 1,11,21,31,...99{
θj := θj − α 1/10 Σ(k=1 to i+9) (hθ(x^(k)) − y^(k))xj^(k)
For every j= 0,1,2,...n)
}}
```

这里 b 表示一批训练样本的个数，m 是训练样本的总数。

小批量梯度下降法是批量梯度下降法和随机梯度下降法的折衷，也就是对于 m 个样本，我们采用 x 个样子来迭代，$1<x<m$。一般可以取 $x=10$，当然根据样本的数据，可以调整这个 x 的值。对应的更新公式是：

$$\theta_i = \theta i - \alpha \sum_{j=t}^{t+x-1} (h_\theta(x_0^j, x_1^j, ... x_n^j) - y_i) x_i^{(j)} \qquad (3.1)$$

3.4　梯度法的应用

3.4.1　梯度法在感知器中的应用

问题：

感知器（perceptron）为二类分类的线性分类模型。输入为实例的特征向量，输出为实例的类别，取 +1 和 −1 二值。

问题分析：

假设输入空间(特征向量)为 x，输出空间为 $y = \{+1, -1\}$，由输入空间到输出空间的如下函数：

$$f(x) = sign(w \cdot x + b) \quad w \in R_n \tag{3.2}$$

其中 w 为权值或者权值向量，b 为偏振。$w \cdot x$ 表示向量 w 和 x 的点积。感知器 $sign(w \cdot x + b)$ 的损失函数为：

$$L(w, b) = -\sum y_i(w \cdot x_i + b) \quad x \in M \tag{3.3}$$

M 为误分类点集合。因此该问题变成了求 L(w, b) 最小值的无约束最优化问题。

问题求解：

感知器学习算法是误分类驱动的，具体采用随机梯度下降方法：

$$\nabla wL(w, b) = -\sum y_i x_i$$
$$\nabla bL(w, b) = -\sum y_i \tag{3.4}$$

随机选取一个误分类点 (x_i, y_i)，对 w, b 进行更新：

$$w : w - \eta \cdot (-y_i x_i)$$
$$b : b - \eta \cdot (-y_i) \tag{3.5}$$

式中 $\eta(0 < \eta <= 1)$ 是步长，在统计学习中又称为学习率（learning rate）。

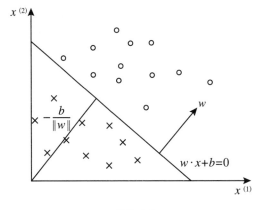

图3.4.1

第四章

动态规划

4.1　动态规划简史

图4.1.1　理查德·贝尔曼

　　20世纪50年代初，数学家理查德·贝尔曼（Richard Bellman）等人在研究多阶段决策过程（Multistep Decision Process）的优化问题时，提出了著名的最优性原理（Principle of Optimality），把多阶段过程转化为一系列单阶段问题，逐个求解，从而创立了解决这类过程优化问题的新方法——动态规划。

　　贝尔曼于1920年出生在纽约，1941年在布鲁克林学院获得学士学位，随后在威斯康星大学获得硕士学位。第二次世界大战期间，他被分配到洛斯阿拉莫斯的一个理论物理分部工作，在数学和物理方面表现出极大的天赋。1946年，25岁的他从普林斯顿大学获得博士学位。1950年初开始在兰德公司（RAND Corporation）工作，正是在这段时间他提出了动态规划。

　　20世纪40年代末开始，贝尔曼逐渐发现了多阶段决策问题的背后结构，并指出逆序归纳法到底是如何求解多阶段决策问题的。从1949年开始，贝尔曼在兰德公司开始了对动态规划的研究。

　　1950年的秋季学期，贝尔曼在兰德公司的第一件事就是为多阶段决策过程命名。20世纪50年代对数学研究而言并非是有利的时机，当时的美国国防部长威尔逊极其厌恶"研究"（Research）这个词。当时兰德公司被空军雇佣，而空军基本上受控于威尔逊。因此贝尔曼并不能让威尔逊和空军知道他在兰德公司做着与数学相关的研究。他希望能够给当前的研究内容——多阶段决定过程，确定一个合适的名字以掩人耳目。起初，贝尔曼对"计划"（Planning）、"决策"（Decision Making）、"思考"（Thinking）这三个词感兴趣。但出于种种原因，"计划"一词并不合适，经反复斟酌后，他决定使用"规划"（Programming）这个词。接下来，他进一步考虑哪个词可以体现该项研究的动态性、多阶段性和时变性。为此，他想到了一个一举两得的方法。"动态的"（Dynamic）这个词不但能准确地表达动态这个物理含义，而且还具有形容词的词性，没有贬义的意思。贝尔曼想到一些词语组合后可能会带有贬义的意思，但"动态规划"

（Dynamic Programming）这个名字是他认为连国会议员都不会反对的好名字。

动态规划是研究决策过程最优化的一种理论和方法，广泛存在于社会经济、技术等方面，适合解决生活中的多阶段、多目标问题。普通的迭代方法在处理多目标问题时，将有可能造成时间复杂度过高、计算维度过高等问题。动态规划可以通过分析、运算的方式，做出综合性的安排。

动态规划在许多领域中得到了广泛的应用，例如生产调度、资源分配、设备更新、工业控制和多级工艺设备的优化设计以及信息处理、模式识别等。虽然动态规划主要用于求解以时间规划分阶段的动态过程的优化问题，但是一些与时间无关的静态规划（如线性规划等），只要人为地引入时间因素，把它们视为多阶段决策过程，也可以用动态规划方法方便地进行求解。这正是动态规划方法被普遍接受和得到广泛应用的重要原因。

直到今天，动态规划依然有着非常旺盛的生命力，在运筹学领域动态规划被广泛应用，在控制论领域也常用动态规划求解最优控制问题，在机器学习领域动态规划也衍生出近似动态规划（Approximate Dynamic Programming，ADP），近似动态规划又被称为强化学习，目前也是机器学习活跃的一个分支。

4.2 什么是动态规划

动态规划方法主要用于求解多阶段决策问题，多阶段决策问题的目的是要达到整个决策过程的总体效果最优，而不是某个阶段"局部"的效果最优。因此，各个阶段决策的选取不是任意确定的。动态规划提供系统化的方法来寻求最优决策组合，与线性规划相比，动态规划问题没有一个标准的数学模型。动态规划是一种很普遍的问题解决方法，需要建立特定的方程以适应各种情况。因此，对动态规划问题总体结构的理解，要有一定程度上的独创性和洞察力，以识别是否合适以及如何通过动态规划的方法解决问题。

动态规划方法处理系统最优问题的关键是先将系统的初值作为参数，然后利用最优目标函数的性质，得到性能指标函数满足的动态规划方程，这个方程是动态规划方法的精髓。动态规划从本质上告诉人们"整体最优必为局部最优"，这个原理就是最优化原理。该原理可以归结为一个基本递推关系式，使决策过程连续地移动，并将多步最优问题转化为多个一步最优控制问题，进而简化求解过程。

我们下面来介绍一下动态规划中的一些基本概念。

- **阶段**：把问题分成相互联系的、有时间顺序的几个环节，这些环节即称为阶段，用 s_k 表示。

- **状态**：某一阶段的出发位置称为状态，通俗地说，状态是对问题在某一时刻的进展情况的数学描述。状态变量组成的集合称之为状态集合。

- **决策**：从某阶段的一个状态演变到下一个阶段的某个状态的选择。

- **决策变量**：描述决策的变量称之为决策变量，用 $U_k(s_k)$ 表示。

- **策略**：由依次进行的 n 个阶段决策构成的决策序列构成一个策略。

- **子策略**：从第 k 阶段到第 n 阶段，依次进行的阶段决策构成的决策序列称为 k 部子策略。

- **状态转移方程**：根据上一阶段的状态和决策导出本阶段的状态，可用公式（4.1）表示：

$$S_{k+1} = T(s_k, u_k(s_k)) \tag{4.1}$$

- **指标函数**：用来衡量多阶段决策过程优劣的指标。

- **阶段指标函数**：第 k 阶段从状态 x_k 出发，采取决策 u_k 时产生的效益，用 $V_k(x_k, u_k)$ 表示。

动态规划是把多阶段决策问题作为研究对象，可以将多阶段决策问题的求解过程划分为若干个相互联系的阶段或子问题，在它的每一个阶段或子问题都需要做出决策，前一个阶段的决策要影响后一个阶段的决策，从而影响整个过程。

动态规划解决问题的主要步骤：

步骤1：将原问题分解为若干个子问题，需要注意的是，分解时子问题与原问题形式应保持相同或类似，但问题从复杂变简单且问题规模变小。求解子问题后，要保存过程与当前最优解，保证每个子问题只求解一遍。

步骤2：确定状态值，也就是确定状态所对应的子问题的解，一个状态对应一个或多个子问题在某个状态的值，所有状态的集合称为"状态空间"。

步骤3：确定一些初始状态或边界条件的值。

步骤4：确定状态转移方程。

动态规划解决的问题需要符合以下特征：

（1）最优化原理。子问题的最优解包含在问题的最优解中，可以通过子问题的最优解，推导出问题的最优解。后阶段的状态可以通过前阶段的状态推导出来。

（2）无后效性。在推导后阶段的状态时，我们只关心前阶段的状态值，不关心这个状态是怎么一步一步推导出来的。某阶段状态一旦确认，就不受之后阶段的决策影响，称为"未来"与"过去"无关。

（3）重复子问题。不同的决策序列，达到某个相同的阶段时，可能产生重复的状态。

一个最优策略具有这样的性质，不管初始状态或初始策略如何，相对于初始策略产生的状态来说，其后的策略必须构成最优化策略，即每个最优化策略只能由最佳子策略组成。

我们通过一个简单的例子来进一步理解动态规划问题。假设某银行家有总数为D元的固定资金，他想同时把这笔资金投资到五项不同的投资机会中，如股票、银行、土地等，而每项投资必然会遇到一定的情况（如极小或极大需求量、分期利润、不同税率等）。我们假设银行家能够预测每项投资的收益是多少。那么，他希望知道如何合理地将D元资金分配给这五项投资而自己得到的总效益最多。

解决这个问题的一种方法是穷举法，列举出这五项投资的所有可能组合，并计算哪种能提供最多的收益。一般来说，考虑到实际问题中的变量数目可能非常大，即使用计算机，穷举法也是不实用的。我们假设，投资到各项投资机会的资金数额是固定的，决策必须是投资或不投资，那么对五项投资机会，也有31种投资方法，如下所示：

- 对每项投资机会都投资：1种；
- 对投资机会中的四项投资：5种；
- 对投资机会中的三项投资：10种；
- 对投资机会中的两项投资：10种；
- 对一项投资机会投资：5种。

如果投资机会达到二十项，估量有1 048 575种组合。随着投资项数的增加，投资组合数量将会迅速增加，甚至用计算机也很难求解。在动态规划中，我们所要做的只是检验一个组合总数非常小的子集。

现在我们回到投资问题，并应用动态规划方法进行求解。虽然所有的投资项目是同时进行的，但是投资的决策也是依次进行的。这意味着，在投资1中投资量为I_1，在投资2中投资量为I_2，依此类推，投资总和为$I_1+I_2+I_3+I_4+I_5 = D$，$I_i \geq 0$，$i = 1$，2，$\cdots$，5。应用最优化原理，不管前k项投资是多少，剩余的钱必须最优地分配到其余5–k项投资中。若已在前四项投资中花费了一定数量的资金，则无论剩余多少都将投资到第五项投资机会中。再来研究将在I_4中投资多少。这里需要做一个决策，但它是一个简单决策。它包含着对I_4投资多少和剩余多少给I_5阶段，这里涉及的仅是一个变量的决策，即在I_4中投资多少，再来考虑在I_5中的投资应为多少，这种分析将继续到I_2和I_1。于是我们做了五次简单的单变量的决策，解决了一个复杂的五变量决策。

这里我们可以发现一个无后效性问题，当进行一个决策时，例如，当决策在I_3中投资多少时，在I_2和I_1中投资多少是无关紧要的，在投资机会I_3中的投资数量，必须相对剩余资金是最佳的。由于还不知道将向I_4和I_5如何投资，对I_3的最佳投资和利益，必须由剩余资金投资的所有可行方案来确定。

基于以上分析，动态规划的一般优化问题可描述为：

$$\min_{u \in U} g(u) \tag{4.2}$$

其中，u是最优化问题的决策，$g(u)$是决策的指标函数，U是全部决策u_i的集合。

4.3　确定性与随机性动态规划

动态规划的优化问题可以分为两类：

（1）随机优化问题：指标函数存在一个随机变量，最优解的优化目标是指标函数的统计平均。

（2）确定优化问题：指标函数是一个确定函数。

那么要怎样区分这两类问题呢？我们可以观察系统是否存在随机性。例如，优化一个随机网络（网络结构随机）是个确定性问题。因为网络结构虽然是随机的，但是在确定优化目标以后，优化目标是不变的。然而，优化一个随时变化的网络是一个随机问题，因为在进行优化的过程中，网络结构也在变化。

确定性动态规划如图4.3.1所示，在第n阶段将基于状态s_n进行决策。首先，制订策略x_n，将这一过程移到第$n+1$阶段的状态s_{n+1}。随后在最优策略下，

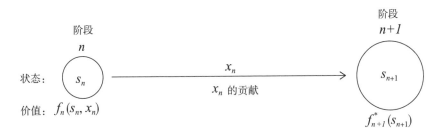

图4.3.1　确定性动态规划

计算指标函数的效益$f^*_{n+1}(s_{n+1})$。以适当的方式结合s_n和x_n，为目标函数提供$f_n(s_n, x_n)$和前面n阶段的效益，最优化x_n，得到$f^*_n(s_n)=f_n(s_n, x_n)$。对比s_n的每个可能值，当确定x^*和$f^*_n(s_n)$之后，求解过程将向后移动一个阶段。

　　例如，在一个确定系统操作顺序问题中，找到A、B、C、D四个工序的最佳操作顺序。其中有以下三个限制条件：

　　（1）A必须在B之前运行，C必须在D之前运行。

　　（2）必须从A和C开始，即起始状态必须为S_A或者S_C。

　　（3）状态m到n的跳转代价是C_{mn}。

　　根据以上条件可以画出一个类似图4.3.2的二叉树的图，显然只要遍历整个图，我们就可以找到一个最优解。

　　随机性动态规划不同于确定性动态规划。当前阶段的状态和决策策略不能完全决定随机性动态规划在下一阶段的状态，它的下一状态有一个概率分布。但是，这个概率分布仍然完全由当前阶段的状态及决策策略决定。

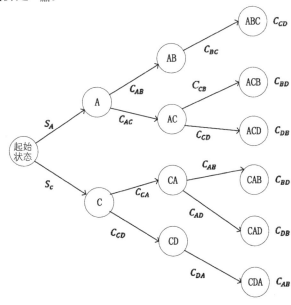

图4.3.2　树形遍历找到最优解

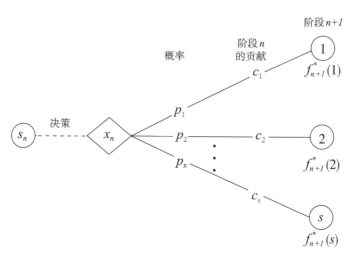

图4.3.3　随机性动态规划基本结构

图4.3.3描述了随机性动态规划的基本结构。设S为第n+1阶段可能状态的数量，系统以概率p_i进入状态$i(i = 1, 2, \cdots, S)$，得出第n阶段的状态为s_n，决策为x_n，C_i是第n阶段指标函数的贡献。

当图扩展至包括所有阶段的所有可能状态和决策时，它被称为决策树。如果决策树不是太大，它就为总结各种可能性提供了一个有用的方法。

由于随机性结构，$f_n(s_n, x_n)$和$f^*_{n+1}(s_{n+1})$之间的关系在某种程度上必然要比确定性动态规划更为复杂。这个关系的精确形式取决于整个目标函数的形式，$f_n(s_n, x_n)$和$f^*_{n+1}(s_{n+1})$如公式（4.3）和（4.4）所示。

$$f_n(s_n, x_n) = \sum_{i=1}^{s} p_i[C_i + f^*_{n+1}(i)] \tag{4.3}$$

$$f^*_{n+1}(i) = \min_{x_{n+1}} f_{n+1}(i, x_{n+1}) \tag{4.4}$$

以一个零售商的进货系统为例，其中进货是周期性的。一个周期的进货需求u_k是一个随机变量，库存x_k，x_k同时表示这个系统的状态，一个周期内的货物销售量是w_k，由此可知每一次周期完成后的库存可以表示为：

$$x_{k+1} = x_k + u_k - w_k \tag{4.5}$$

因此我们能够建立如下模型：

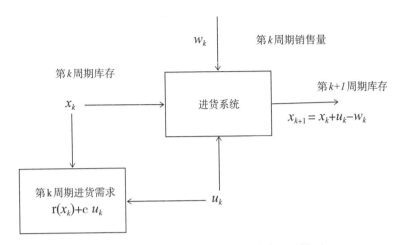

图4.3.4　零售商进货的随机动态系统模型

这个零售商进货的状态转移方程可表示为：

$$x_{k+1} = f_k(x_k, u_k, w_k) = x_k + u_k - w_k \qquad (4.6)$$

4.4　如何求解动态规划

动态规划算法的两个核心规划方法是策略迭代和价值迭代。其中策略迭代会评估改进的策略，再一步步改进策略。价值迭代侧重当前动作到达后一个状态的期望价值。除此之外，启发式方法也是一种新兴的方法，针对复杂优化问题具有非常强大的求解能力。

策略迭代：策略迭代的中心是策略函数，策略的优化是通过反复执行"策略评估＋策略改进"这两个步骤获得。策略评估阶段计算当前策略迭代价值函数，策略改进阶段通过最大优化价值函数以计算一个改进的策略。重复上述阶段直到收敛到一个最优策略。

价值迭代：价值迭代法是围绕值函数进行不断迭代，以最终求出策略函数。策略迭代在评估步骤中，价值函数必须在极限中计算。然而，没有必要等到完全收敛，但是有可能提前停止评估，并且在评估的基础上改进策略。终止评估步骤的极值点是值迭代算法。这个方法结合了一个删减版本的策略评估与策略改进过程。

启发式方法： 在许多实际问题中，状态空间中只有小部分空间的值与问题相关。许多研究者提出各种不同的演化算法模仿动物觅食、生物进化等现象进行不断迭代，算法逐渐会在庞大的状态空间找到那一小部分空间，并能从某个状态 s 演化到目标状态。

动态规划最显著的优点是可以把一个 n 维最优化问题转换为 n 个一维最优化问题，然后对这些一维最优化问题逐个地求解，这是经典的极值方法所做不到的。动态规划的另一个优点是它能求解出全局极值，而不是局部极值，在这一点上动态规划几乎超越了现有的经典最优化方法。因此我们不再需要关心局部极大或极小问题。实际上，几乎所有的最优化问题和各类约束都会引起严重麻烦的问题，例如，对问题变量加上只能取整数的限制，就不能用经典方法来解决。然而，在动态规划中，要求某些或全部变量是整数，将大大地简化计算过程。简要地说，变量的某些类型的约束，帮助了动态规划，却破坏了其他计算方法应用的可能性。动态规划的第三个优点是泛函方程的"嵌入"特性。例如，前面讨论的五项投资问题，若用动态规划解决了五项投资问题，也就自动地求出了四项投资问题的解、三项投资的解等。对问题中出现的偶然事件或随时间变化进行的某些分析中，这种解决了一个问题就能解决一组问题的特性是十分有用的。

但是，动态规划也有一些局限性，最重要的是状态空间的维数。简单地说，若"状态"变量（与决策变量不同）大于 2 或 3 时，则计算问题将涉及信息的存储以及计算时间。例如，在投资问题中，投资的资金总额 D 是一个单一的状态变量。显然，这类问题是一个计算解的简单问题。但是，很多其他的问题可能有多个状态变量。状态空间的维数越高，动态规则的计算困难也越大。目前，虽然有一些方法可以解决这个问题，但是没有一种方法是完全令人满意的。

随着问题规模不断增大，传统的动态规划方法呈现出一个明显的缺点，其计算量和存储量也呈惊人的增长。例如，求解出段的最优控制方法所需计算的总次数为 Np^nq^m，如果令 $n=3$，$m=1$，$p=20$，$q=20$，$N=10$，则需要存储的字数为 128 000 000。这通常被称为动态规划的"维灾难"问题，极大限制了传统动态规划的直接应用。对于高维系统的多阶段最优控制，应用动态规划的基本形式进行计算就变得极为困难。不仅如此，动态规划要求按照时间段进行逆向计算，但动态系统的状态又要求根据系统函数按照时间顺序进行正向计算，这就使得直接应用传统动态规划变得困难。

4.4.1　策略优化方法

策略迭代分为策略评估和策略改进两个阶段。策略评估阶段计算当前策略的价值函数，策略改进阶段通过最大化价值函数来计算一个改进的策略。重复上述阶段直至收敛到一个最优策略。

1. 策略评估

策略评估是计算当前的状态值函数的过程。如何计算当前的状态值函数 $v_\pi^T(s)$ 呢？基本思路是通过上一次迭代的 $v_\pi^{T-1}(s)$ 来计算当前这一轮的迭代的值函数 $v_\pi^T(s)$。下面给出当前状态值函数的公式：

$$v_\pi^T(s_t) = \sum_{a_t} \pi^{T-1}(a_t|s_t) \sum_{s_{t+1}} p(s_{t+1}|s_t,a_t)[r_{a_t}^{s_{t+1}}+\gamma * v_\pi^{T-1}(s_{t+1})] \qquad （4.9）$$

策略评估的具体步骤如图 4.4.1 所示。

Function Evaluation（策略 π^{T-1}，状态转移概率 $p(s_{t+1}|s_t,a_t)$, 奖励 r, 衰减因子 γ, 值函数）

1　　$v^{T-1}(s)$

2　　$v_0(s) = v^{T-1}(s)$

3　　Repeat $k = 0,1\ldots$

4　　　for every s do

5　　　　$v_{k+1}(s_t) = \sum_{a_t} \pi^{T-1}(a_t|s_t) \sum_{s_{t+1}} p(s_{t+1}|s_t,a_t)[r_{a_t}^{s_{t+1}}+\gamma * v_k(s_{t+1})]$

6　　Until $v_{k+1}(s) = v_k(s)$

Return $v^T(s) = v_{k+1}(s)$

图 4.4.1　策略评估过程

2. 策略改进

策略改进是指通过贪婪地选择最优行为，对原有策略的价值函数进行改进。如果策略不能以这种方式得到改进，这意味着策略已经是最优的。策略的最优价值函数称为贝尔曼方程。

策略迭代算法完全分离了评估阶段和改进阶段。在评估步骤中，价值函数必须在极限中计算。然而，没有必要等到完全收敛，但是有可能提前停止评估，并且在评估的基础上改进策略。终止评估步骤的极值点是值迭代算法。一次迭代后，评估就中断了。事实上，它立即将策略改进的步骤融合到迭代之中，从而纯粹专注于直接估计价值函数。从本质上说，这个方法结合了一个删减版本的策略评估步骤与策略改进步骤。

$$v_{k+1}(s) = max\left(R_s^a + \gamma \sum p_{ss'}^a v_k(s')\right) \quad (a \in A, s \in S) \tag{4.10}$$

4.4.2　启发式方法

动态规划的效率可以大致通过两种方式提高。第一种方式是将广义策略迭代过程的评估步骤和改进步骤更紧密地结合。第二种方式是启发式搜索算法与动态规划算法相结合。

1. 修改后的策略迭代

修改后的策略迭代在值迭代和策略迭代之间摇摆。修改后的策略迭代保持广义策略迭代的两个单独的步骤，但两个步骤不一定在极限内计算。这里关键的是，对于策略的改进来说，为了改进策略，并不需要一个精确的评估策略。例如，在策略评估步骤之后，策略改进步骤可以是近似的。在一般情况下，这两个步骤可以通过不同的方式相互独立地进行。例如，除了反复应用贝尔曼更新规则之外，也可以采用样本采集步骤执行策略评估步骤，例如蒙特卡洛估计方法。这些具有估计和改进混合的一般形式能够被一般化的策略迭代机制所抓取。

2. 启发式搜索

在许多实际问题中，状态空间中只有小部分状态与问题相关，并能从某个状态s到达目标状态。很多算法受此启发，侧重于计算从开始状态s到发现最优策略的相关状态。这些算法通常显示良好的随时动作，能够快速产生良好的或者合理较优的策略，随后逐渐改进这些策略。此外，这些算法可以视为各种方式实现的异步动态规划。

3. 信封状态和边缘状态

异步方法的一种形式是基于目标的奖励函数，即周期性的任务，其中只有目标状态得到正面的奖励。这些方法从一个马尔可夫决策过程的近似版本开始，这个版本并不包括完整的状态空间。这个马尔可夫决策过程的缩写版本称为"信封"（Envelope），包括学习器的当前状态和目标状态。最初的信封是由一个前向搜索所构成，直到找到一个目标状态。这个信封可以通过考虑信封外高概率、可实现的状态来进行扩展。直观的想法是把所有可能达到目标的状态都包括在信封里。一旦构建了信封，策略就会通过策略迭代计算出来。如果在任何时候，学习器离开了信封，这个学习器就必须通过扩展信封来重新规划。

学习与规划的结合仍然使用策略迭代，但是在一个小得多（且与目标更相关）的状态空间中执行。然而，除了单一的DUT状态之外，在信封边缘保留了一些状态的边缘。然后，用启发式的方法来估计其他状态的价值。当计算一个信封的策略时，所有的边缘状态成为吸收状态，通过启发式设置这些状态值。随着时间的推移，边缘状态的启发式值收敛到这些状态的最优值。

4. 动态规划之中的搜索与计划

实时动态规划将动态规划与前向搜索相结合。在每次迭代中，只有状态空间中值的子集得到备份。通过使用一种可获得的启发式函数作为初始价值函数来模拟贪婪策略，实时动态规划从一个随机选择的状态到目标状态不断地进行试验。然后，实时动态规划只在这些测试中完全备份值，这样备份就会集中在状态空间的相关部分上。这个方法后来被扩展到有标签的实时动态规划中。一些状态标记为已解，这意味着这些算法的值已经收敛了。

4.4.3　动态规划求解最短路径问题

下面，我们来介绍动态规划在单源最短路径问题（Single-Source Shortest Path，SSSP）中的应用。

给定一个带权有向图 G =（V, E），其中 V 为顶点数量，E 为边的数量，每条边的权是一个实数。给定 V 中的一个顶点，称为源。我们希望能够找到从源到其他所有各顶点的最短路径。路径的长度是路径上各边权之和，这个问题通常称为单源最短路径问题。单源最短路径问题是组合优化领域的经典问题之一，它广泛应用于计算机科学、交通工程、通信工程、系统工程、运筹学、信息论、控制理论等众多领域。

贝尔曼–福特（Bellman-Ford）算法是一种用于计算带权有向图中单源最短路径的算法。贝尔曼–福特算法采用动态规划进行设计，实现的时间复杂度为O(V*E)。该算法由莱斯特·福特（Lester Ford）和理查德·贝尔曼分别发表于1956和1958年，而实际上爱德华·摩尔（Edward F. Moore）也在1957年发布了相同的算法，因此，此算法也常被称为贝尔曼–福特–摩尔（Bellman-Ford-Moore）算法。

贝尔曼–福特算法和迪杰斯特拉（Dijkstra）算法同为解决单源最短路径的算法。对于带权有向图 G = (V, E)，迪杰斯特拉算法要求图 G 中边的权值均为非负数，而贝尔曼–福特算法能适应一般的情况（即存在负权边的情况）。

贝尔曼–福特算法具体过程如图4.4.2所示，描述如下：

（1）创建源顶点 v 到图中所有顶点的距离的集合，为图中的所有顶点指定一个距离值，初始均为无穷大，源顶点距离为0。

（2）计算最短路径，执行 V–1 次遍历。对于图中的每条边，如果起点 u 的距离 d 加上边的权值 w 小于终点 v 的距离 d，则更新终点 v 的距离值 d。

（3）检测图中是否有负权边形成了环，遍历图中的所有边，计算 u 至 v 的距离，如果对于 v 存在更小的距离，则说明存在环。

```
Function BellmanFord(list vertices, list edges, vertex source)
// Step 1: initialize graph
1 for each vertex v in vertices do
2        dis[v]  := inf
3        pre[v]  := null
4 dis[source]  := 0
// Step 2: relax edges repeatedly
5 for i from 1 to size(V)−1 do
6 for each edge (u, v) with weight w in edges do
7 if dis[u] + w < dis[v] then
8             dis[v]  := dis[u] + w
9             pre[v]  := u
// Step 3: check for negative-weight cycles
10 for each edge (u, v) with weight w in edges do
11 if dis[u] + w < dis[v] then
12 error "Graph contains a negative-weight cycle"
Return dis[], pre[]
```

图4.4.2　贝尔曼–福特算法

我们通过一个实例来介绍如何应用动态规划求解单源最短路径问题，如图4.4.3所示。G=(V, E)，顶点 V={A, B, C, D, E}，带权边 E={ (E,D,–3), (D,B,1), (D,C,5), (B,D,2), (B,E,2), (A,B,–1), (A,C,4), (B,C,3) }，求图中顶点 A 到其余所有顶点的最短路径。

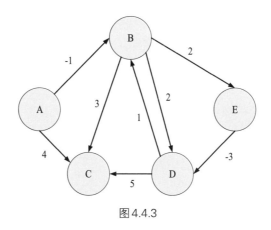

图4.4.3

（1）初始化：根据算法图4.4.2第1步至第4步所示，初始化时候除了原点A为0，其他的都为无穷大，初始化结果如表4.4.1和图4.4.4所示。因为有5个顶点，所以需要迭代（松弛）的次数为4次。

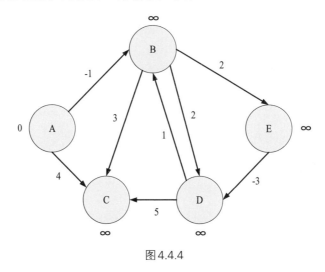

图4.4.4

表4.4.1

A	B	C	D	E
0	∞	∞	∞	∞

（2）第1次迭代（松弛）：根据图4.4.2第5步至第9步所示，按(E,D,–3),

(D,B,1), (D,C,5), (B,C,3),(B,E,2), (B,D,2), (A,B,–1)，(A,C,4)的顺序进行第1次迭代
（松弛）。我们先来处理第一条边(E,D,–3)，即判断dis[D]是否大于dis[E]+(–3)。
此时的dis[E]是∞，dis[D]的值也是∞，因此dis[E] + (–3)也是∞，所以这条边
松弛失败。

　　依次处理，直至处理边(A,B,–1)时，发现dis[B] > dis[A]+(–1)，通过这条边可
以使dis[B]的值从∞变为–1，所以这个点松弛成功。可以用同样的方法来处理
每一条边。对所有的边进行一遍松弛操作后的结果如表4.4.2所示，其中(A,B,
–1)，(A,C,4)两条边松弛成功，当前A到B的距离为–1，A到C的距离为4。

表4.4.2

A	B	C	D	E
0	∞	∞	∞	∞
0	–1	∞	∞	∞
0	–1	4	∞	∞

（3）第2次迭代（松弛）：对所有的边进行第2次迭代（松弛）操作后的
结果如表4.4.3所示，其中增加(B,C,3), (B,E,2), (B,D,2)三条边松弛成功，当前A
到B的距离为–1，A到C的距离为2，A到D的距离为1，A到E的距离为1。

表4.4.3

A	B	C	D	E
0	∞	∞	∞	∞
0	–1	∞	∞	∞
0	–1	4	∞	∞
0	–1	2	∞	∞
0	–1	2	∞	1
0	–1	2	1	1

（4）第3次迭代（松弛）：对所有的边进行第3次迭代（松弛）操作后的
结果如表4.4.4所示，其中增加(E,D,–3)一条边松弛成功，当前A到B的距离
为–1，A到C的距离为2，A到D的距离为–2，A到E的距离为1。

表4.4.4

A	B	C	D	E
0	∞	∞	∞	∞
0	−1	∞	∞	∞
0	−1	4	∞	∞
0	−1	2	∞	∞
0	−1	2	∞	1
0	−1	2	1	1
0	−1	2	−2	1

（5）第4次迭代（松弛）：对所有的边进行第4次迭代（松弛）操作后的结果如表4.4.5所示，没有新的边松弛成功，迭代结束。A到B的最短距离为−1，A到C的最短距离为2，A到D的最短距离为−2，A到E的最短距离为1。

表4.4.5

A	B	C	D	E
0	−1	2	−2	1

因为最短路径上最多有$n-1$条边，所以贝尔曼–福特算法最多有$n-1$个阶段。在每一个阶段，我们对每一条边都要执行松弛操作。其实每实施一次松弛操作，就会有一些顶点已经求得其最短路，即这些顶点的最短路的"估计值"变为"确定值"。此后这些顶点的最短路的值就会一直保持不变，不再受后续松弛操作的影响。

第 五 章

无信息搜索

5.1　什么是无信息搜索

搜索是人工智能中的一个基本问题。人工智能搜索就是从海量的信息源中通过约束条件和额外信息运用算法找到问题所对应的解的过程，例如寻找最短路径问题、九宫格问题。一个问题求解的智能体包括四个基本步骤，如图5.1.1所示。搜索是其中必不可少的一环。

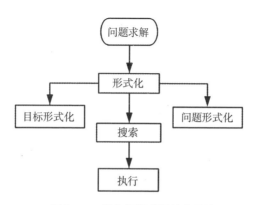

图5.1.1　搜索问题求解基本思路

搜索包括多种不同的分类方法。按照搜索过程是否使用启发式信息将其分为无信息搜索和启发式搜索。

无信息搜索是按照预定的控制策略进行搜索。在搜索过程中获得的中间信息不改变控制策略。由于搜索总是按照预先规定的路线进行，没有考虑问题本身的特征，因此这种搜索具有盲目性，效率不高，不便于复杂问题的求解。启发式搜索是在搜索中加入与问题有关的启发式信息，用于指导搜索朝最有希望的方向前进，加速问题的求解过程，并找到最优解。

本章重点介绍深度优先搜索（Depth First Search, DFS）与广度优先搜索（Breath First Search, BFS）算法。这两个算法是无信息搜索中比较经典的方法，也是图论中两种非常重要的方法，生产上广泛用于拓扑排序、寻路（走迷宫）、搜索引擎、爬虫等，也频繁出现在LeetCode技术面试题库中和其他高频面试题中。

5.2 深度优先搜索

深度优先指的是要达到被搜索结构的叶节点。深度相当于每一条路径的长度，选择了这条路径就要把这条路走完才能继续其他路径。举例，在如图5–2所示的路径关系中，如果我们从A点开始，选择了A–>F这条路，深度优先就是指必须将A–>F–>G这条路径优先走完，这条路径没走完之前不能跳到其他路径，走完之后再倒回去找到存在其他路径的点，在这里即是A点，选择另一条路径再按同样的要求搜索，详细介绍见后续例子。

深度优先搜索思想：我们面对一幅图，该图中的所有顶点在初始时都没有被访问。选择某个顶点v，将其作为初始顶点，从它未访问的邻节点出发深度遍历该图，直到该图中所有的与v有路径连通的所有顶点被访问到。如果还有其他顶点没有被访问到，则另外选择一个没有被访问的顶点作为初始点。重复该过程，直到该图中所有的顶点都被访问到。该算法的特点是不撞南墙不回头，先走完一条路，再换另一条路继续走。

深度优先搜索是一个递归的过程。递归是指将问题分解为同类子问题来解决，反映到算法的程序里面即是运行的过程中调用自己。首先选定一个出发点，然后进行遍历，如果有邻节的未被访问过的节点则继续前进。若不能继续前进，则回退一步再前进；若回退一步仍然不能前进，则连续回退至可以前进的位置为止。重复此过程，直到所有与选定点相通的所有顶点都被遍历。

深度优先搜索是一个递归的过程，带有回退操作，因此需要使用栈存储访问的路径信息。当访问到的当前顶点没有可以前进的邻节顶点时，需要进行出栈操作，将当前位置回退至出栈元素位置。

5.2.1 无向图的深度优先搜索

若一个图中每条边都是无方向的，则称为无向图。以图5.2.1中所示无向图说明深度优先搜索遍历过程。

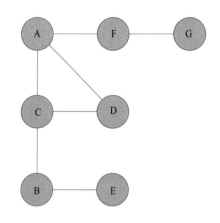

图5.2.1　无向图深度优先搜索例子

（1）首先选取顶点A为起始点，输出A顶点信息，且将A入栈。栈是允许在同一端进行插入和删除操作的特殊线性表。栈中数据是按照"后进先出"（Last In First Out, LIFO）方式进出栈的。当前位置指向A。如图5.2.2所示。

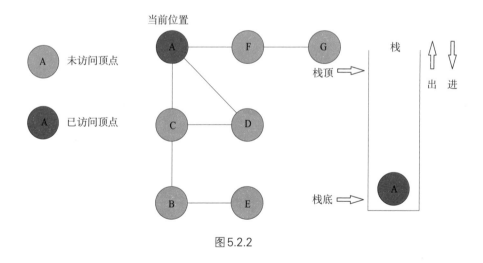

图5.2.2

（2）A的邻节顶点有B、C、F，从中任意选取一个顶点前进。这里我们选取C顶点为前进位置顶点。输出C顶点信息，将C入栈，并标记C为已访问顶点。当前位置指向顶点C。如图5.2.3所示。

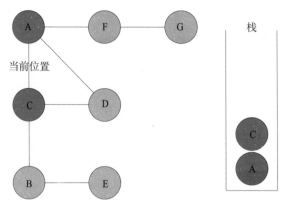

图5.2.3

（3）顶点C的邻节顶点有A、D和B，此时A已经标记为已访问顶点，因此不能再继续访问。从B或者D中选取一个顶点前进，这里我们选取B顶点为前进位置顶点。输出B顶点信息，将B入栈，标记B顶点为已访问顶点。当前位置指向B。如图5.2.4所示。

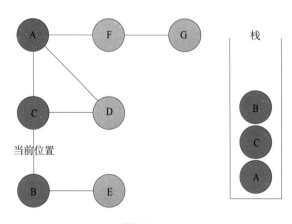

图5.2.4

（4）顶点B的邻节顶点只有C、E，C已被标记，不能再继续访问，因此选取E为前进位置顶点，输出E顶点信息，将E入栈，标记E顶点，当前位置指向E。如图5.2.5所示。

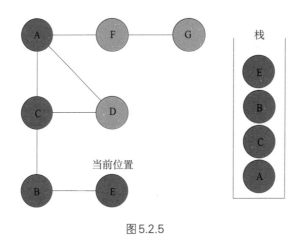

图5.2.5

（5）顶点E的邻节顶点均已被标记，此时无法再继续前进，则需要进行回退。将当前位置回退至顶点B，回退的同时将E出栈。如图5.2.6所示。

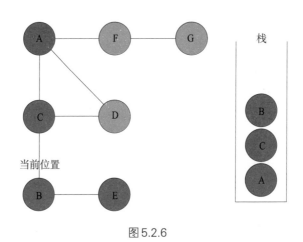

图5.2.6

（6）顶点B的邻节顶点也均被标记，需要继续回退，当前位置回退至C，回退同时将B出栈。如图5.2.7所示。

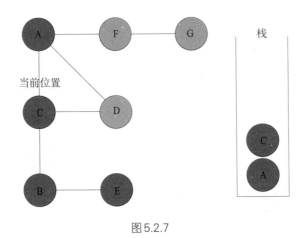

图 5.2.7

（7）顶点 C 可以前进的顶点位置为 D，则输出 D 顶点信息，将 D 入栈，并标记 D 顶点。当前位置指向顶点 D。如图 5.2.8 所示。

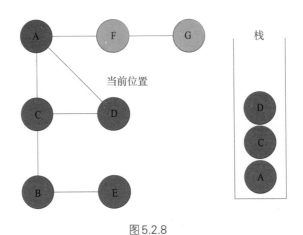

图 5.2.8

（8）顶点 D 没有前进的顶点位置，因此需要回退操作。将当前位置回退至顶点 C，同时将 D 出栈。如图 5.2.9 所示。

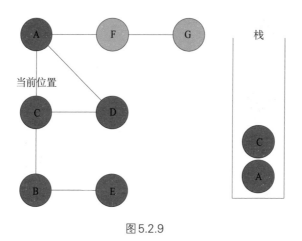

图5.2.9

（9）顶点C没有前进的顶点位置，继续回退，将当前位置回退至顶点A，回退同时将C出栈。如图5.2.10所示。

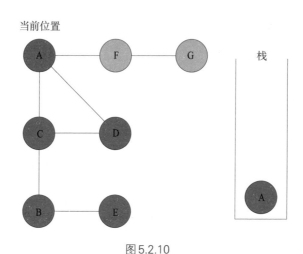

图5.2.10

（10）顶点A前进的顶点位置为F，输出F顶点信息，将F入栈，并标记F。将当前位置指向顶点F。如图5.2.11所示。

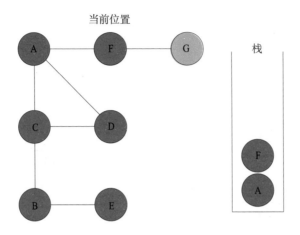

图5.2.11

（11）顶点F的前进顶点位置为G，输出G顶点信息，将G入栈，并标记G。将当前位置指向顶点G。如图5.2.12所示。

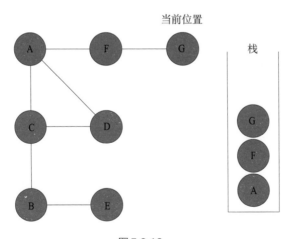

图5.2.12

（12）顶点G没有前进顶点位置，回退至F。当前位置指向F，同时将G出栈。如图5.2.13所示。

当前位置

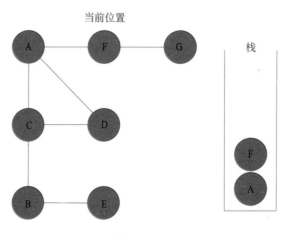

栈

图 5.2.13

（13）顶点 F 没有前进顶点位置，回退至 A，当前位置指向 A，同时将 F 出栈。如图 5.2.14 所示。

当前位置

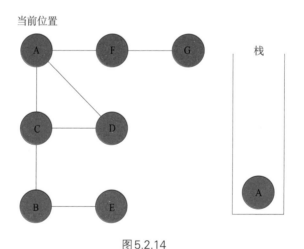

栈

图 5.2.14

（14）顶点 A 没有前进顶点位置，继续回退，栈为空，则以 A 为起始的遍历结束。若图中仍然还有没被访问的顶点，则选取该点为起始点，重复该过程，直至所有顶点均被访问。如图 5.2.15 所示。

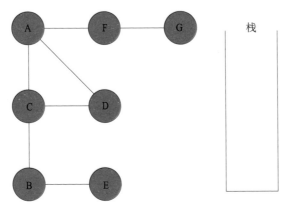

图 5.2.15

（15）采用深度优先搜索遍历顺序为 A->C->B->E->D->F->G。

5.2.4　有向图深度优先搜索

若一个图中每条边都是有方向的，则称为有向图，表现出来就是有个箭头指示方向，节点只能单向通信或传递消息。以图 5.2.16 所示有向图说明深度优先搜索遍历过程。

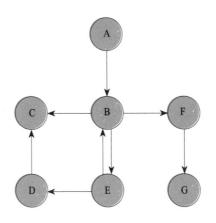

图 5.2.16　有向图深度优先搜索例子

（1）以顶点 A 为起始点，输出 A，将 A 入栈，并标记 A。当前位置指向 A。如图 5.2.17 所示。

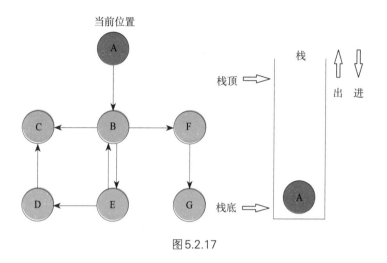

图 5.2.17

（2）以 A 为尾的边只有 1 条，且边的头为顶点 B，则前进位置为顶点 B，输出 B，将 B 入栈，标记 B。当前位置指向 B。如图 5.2.18 所示。

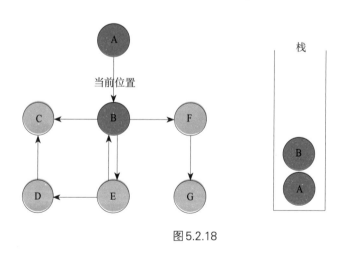

图 5.2.18

（3）顶点 B 可以前进的位置有 C 与 F，选取 F 为前进位置，输出 F，将 F 入栈，并标记 F。当前位置指向 F。如图 5.2.19 所示。

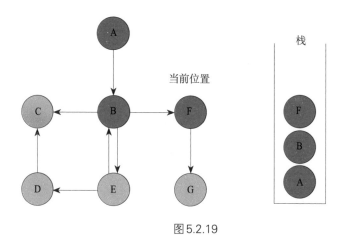

图5.2.19

（4）顶点F的前进位置为G，输出G，将G入栈，并标记G。当前位置指向G。如图5.2.20所示。

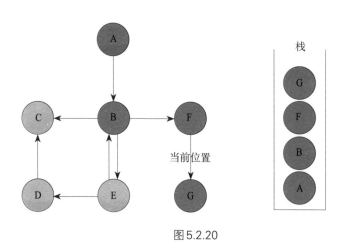

图5.2.20

（5）顶点G没有可以前进的位置，则回退至F，将G出栈。当前位置指向F。如图5.2.21所示。

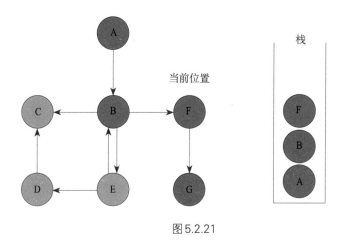

图5.2.21

（6）顶点F没有可以前进的位置，继续回退至B，将F出栈。当前位置指向B。如图5.2.22所示。

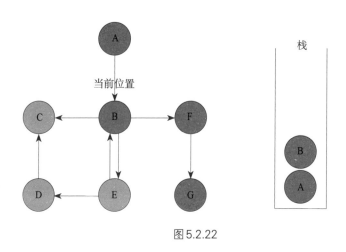

图5.2.22

（7）顶点B可以前进位置为C和E，选取E，输出E，将E入栈，并标记E。当前位置指向E。如图5.2.23所示。

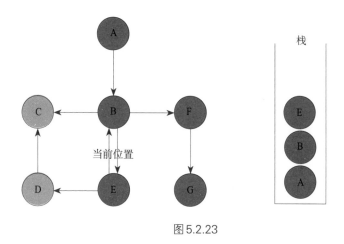

图5.2.23

（8）顶点E的前进位置为D，输出D，将D入栈，并标记D。当前位置指向D。如图5.2.24所示。

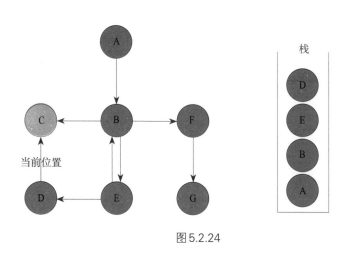

图5.2.24

（9）顶点D的前进位置为C，输出C，将C入栈，并标记C。当前位置指向C。如图5.2.25所示。

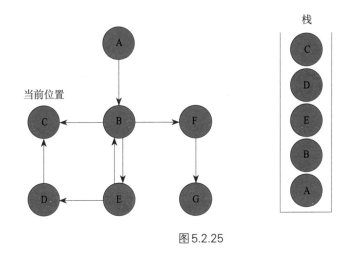

图 5.2.25

（10）顶点 C 没有前进位置，进行回退至 D，同时将 C 出栈。如图 5.2.26 所示。

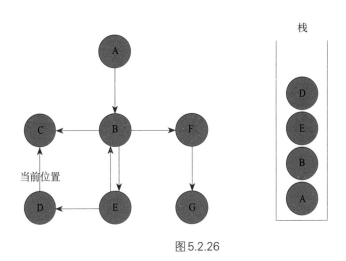

图 5.2.26

（11）继续执行此过程，直至栈为空，如图 5.2.27 所示。以 A 为起始点的遍历过程结束。如果途中仍然还有没被访问的顶点，则选取该顶点作为初始顶点，重复执行该操作，直到所有的顶点都被访问。

第五章　无信息搜索

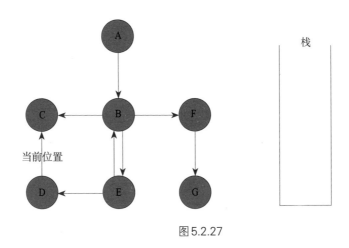

图 5.2.27

（12）采用深度优先搜索遍历顺序为 A->B->F->G->E->D->C。

5.3　广度优先搜索

　　广度优先搜索指的是在搜索过程中从图的顶点中任意选择一个顶点作为初始顶点（也称为根），然后将该顶点所有的邻居节点与该点关联。该过程可以产生以初始顶点为树根的第 1 层子树，下一步，按照顺序访问 1 层上的每一个顶点，只要不产生回路，就添加与这个顶点相关联的每个边。这样就产生了树里 2 的上的顶点。遵循同样的原则继续下去，经有限步骤就产生了生成树。

　　广度优先搜索思想：从预访问的图中选择一个顶点 v 作为初始点，依次访问 v 点的未被访问的邻居节点。先被访问的节点，其邻居节点要先于后被访问的节点的邻居节点，按照该策略，依次访问直到所有的节点都被访问完。如果有些节点还没被访问，则重新选择一个没有被访问的节点作为初始点，重复执行上述过程，直至图中所有顶点都被访问到为止。

　　广度优先搜索类似于树的层次遍历，是按照一种由近及远的方式访问图的顶点。在进行广度优先搜索时需要使用队列存储顶点信息。

5.3.1　无向图的广度优先搜索

　　以图 5.3.1 所示的无向图说明广度优先搜索过程。

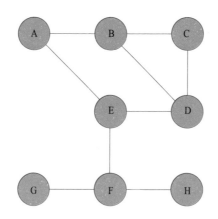

图5.3.1 无向图广度优先搜索例子

（1）选取A为起始点，输出A，A入队列。队列（Queue）是一种先进先出（First In First Out, FIFO）的线性表。该线性表允许在一端插入，另一端删除。允许进行删除的一端称为队首，允许进行插入的一端称为队尾。标记A，当前位置指向A。如图5.3.2所示。

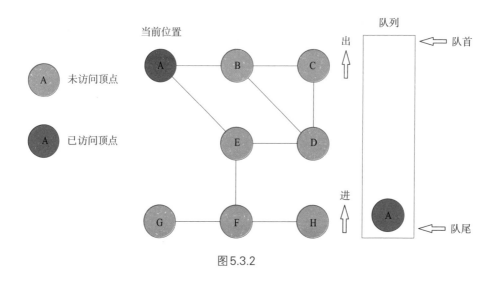

图5.3.2

（2）队列头为A，A出队列。A的邻节顶点有B、E，输出B和E，将B和E入队，并标记B、E。当前位置指向A。如图5.3.3所示。

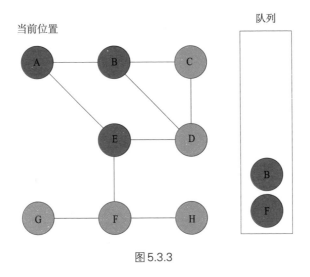

图 5.3.3

（3）队列头为B，B出队列。B的邻节顶点有C、D，输出C、D，将C、D入队列，并标记C、D。当前位置指向B。如图5.3.4所示。

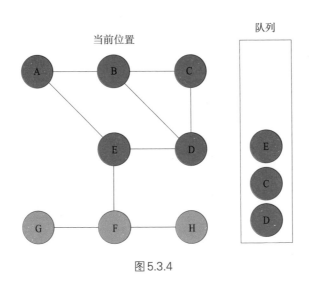

图 5.3.4

（4）队列头为E，E出队列。E的邻节顶点有D、F，但是D已经被标记，因此输出F，将F入队列，并标记F。当前位置指向E。如图5.3.5所示。

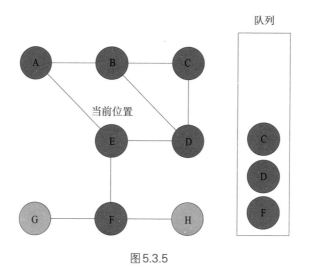

图5.3.5

（5）队列头为C，C出队列。C的邻节顶点有B、D，但B、D均被标记。无元素入队列。当前位置指向C。如图5.3.6所示。

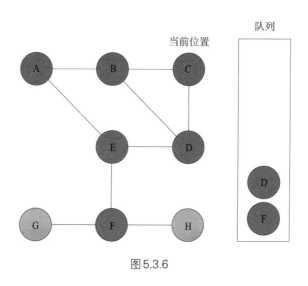

图5.3.6

（6）队列头为D，D出队列。D的邻节顶点有B、C、E，但是B、C、E均被标记，无元素入队列。当前位置指向D。如图5.3.7所示。

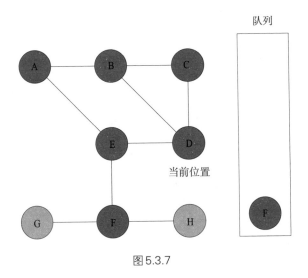

图5.3.7

（7）队列头为F，F出队列。F的邻节顶点有G、H，输出G、H，将G、H入队列，并标记G、H。当前位置指向F。如图5.3.8所示。

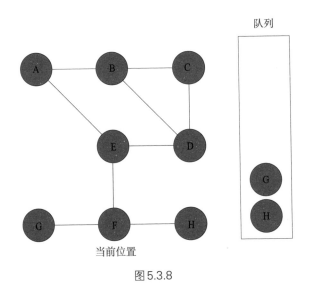

图5.3.8

（8）队列头为G，G出队列。G的邻节顶点有F，但F已被标记，无元素入队列。当前位置指向G。如图5.3.9所示。

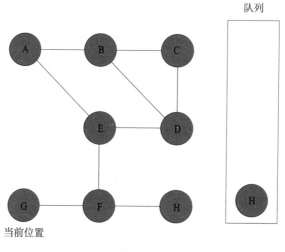

图5.3.9

（9）队列头为H，H出队列。H的邻节顶点有F，但F已被标记，无元素入队列。当前位置指向H。如图5.3.10所示。

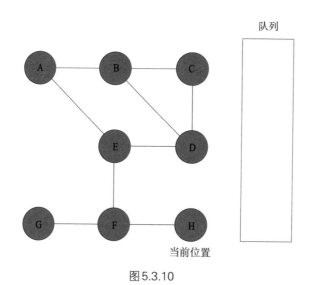

图5.3.10

（10）队列空，则以A为起始点的遍历结束。若图中仍有未被访问的顶点，则选取未访问的顶点为起始点，继续执行此过程。直至所有顶点均被访问。

（11）采用广度优先搜索遍历顺序为 A–>B–>E–>C–>D–>F–>G–>H。

5.3.2　有向图的广度优先搜索

以图5.3.11所示的有向图为例进行广度优先搜索。

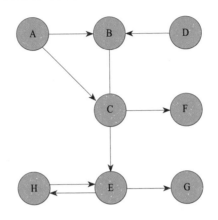

图5.3.11　有向图广度优先搜索例子

（1）选取 A 为起始点，输出 A，将 A 入队列，标记 A。如图5.3.12所示。

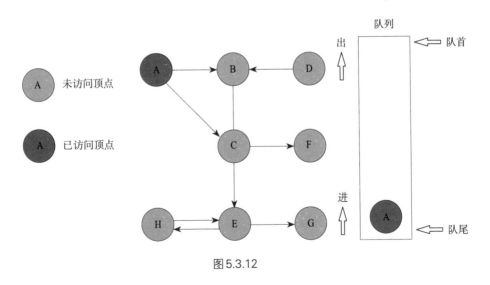

图5.3.12

（2）队列头为 A，A 出队列。以 A 为尾的边有两条，对应的头分别为 B、C，则 A 的邻节顶点有 B、C。输出 B、C，将 B、C 入队列，并标记 B、C。如图5.3.13所示。

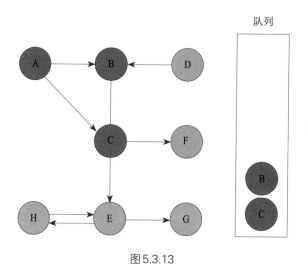

图5.3.13

（3）队列头为B，B出队列。B的邻节顶点为C，C已经被标记，因此无新元素入队列。如图5.3.14所示。

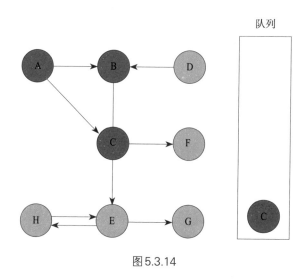

图5.3.14

（4）队列头为C，C出队列。C的邻节顶点有E、F。输出E、F，将E、F入队列，并标记E、F。如图5.3.15所示。

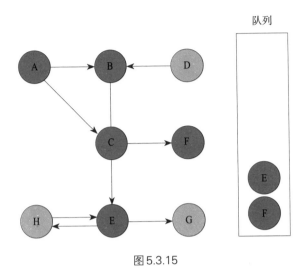

图5.3.15

（5）队列头为E，E出队列。E的邻节顶点有G、H。输出G、H，将G、H入队列，并标记G、H。如图5.3.16所示。

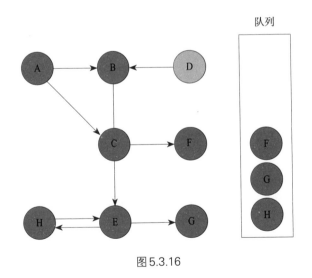

图5.3.16

（6）队列头为F，F出队列。F无邻节顶点。如图5.3.17所示。

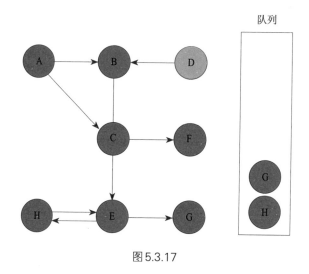

图 5.3.17

（7）队列头为 G，G 出队列。G 无邻节顶点。如图 5.3.18 所示。

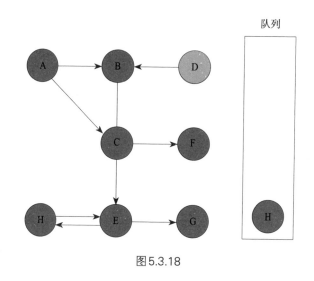

图 5.3.18

（8）队列头为 H，H 出队列。H 邻节顶点为 E，但是 E 已被标记，无新元素入队列。如图 5.3.19 所示。

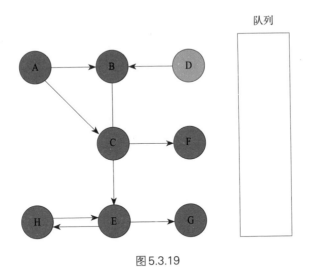

图 5.3.19

（9）队列为空，以A为起始点的遍历过程结束，此时图中仍有D未被访问，则以D为起始点继续遍历。选取D为起始点，输出D，将D入队列，标记D。如图5.3.20所示。

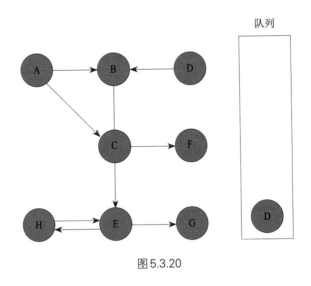

图 5.3.20

（10）队列头为D，D出队列，D的邻节顶点为B，B已被标记，无新元素入队列。如图5.3.21所示。

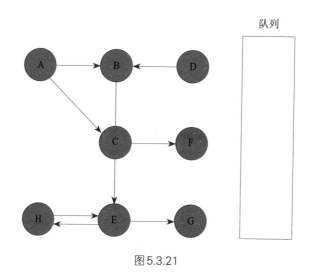

图 5.3.21

（11）队列为空，且所有元素均被访问，广度优先搜索遍历过程结束。广度优先搜索的输出序列为：A–>B–>E–>C–>D–>F–>G–>H。

5.4　基于搜索的网页抓取

我们几乎每天都在使用谷歌（Google），百度（Baidu）这些搜索引擎，那大家知道这些搜索引擎是怎么工作的吗？搜索引擎的工作过程简单来说包括了以下三步：

步骤 1：网页抓取。搜索引擎通过爬虫将网页爬取，获得页面 HTML 代码，存入数据库中。爬虫是一种按照一定的规则，自动地抓取万维网信息的程序或者脚本，其目的为将网络中的网页下载到本地主机中，形成一个对网络内容的镜像备份。

步骤 2：页面预处理。索引程序也就是搜索引擎提取网络中抓取来的页面数据进行文字提取、中文分词、索引（把文件 ID 对应到关键词的映射转换为关键词到文件 ID 的映射）等处理，以备排名程序（对抓取的网站进行排名）使用。

步骤 3：排名。当用户输入关键词后，排名程序会调用索引数据库数据来计算关键词的相关性，然后按照一定的格式生成搜索结果页面。当搜索引擎组织并处理完相关信息后，可为用户提供基于关键术语的检索服务，并将检索结果展示给所需人员。同时使用每个页面的 PageRank 值（链接的访问量排名）对网页排名。

在搜索引擎的工作过程中，第一步网页抓取就使用了无信息搜索来查找网页文件。爬虫程序运行时，首先给爬虫分配一些起始网页，爬虫从这些起始网页出发，爬取这些网页中的信息，并寻找网页里其他的超链接，通过这些超链接找到其他的网页进行爬取，如此重复，不断地根据网页中的超链接就能爬取到更多的新网页。我们可以将网页的链接关系表示为一张图，如图 5.4.1 所示。爬虫想要爬取图中所有的网页，就要遍历这张图 5.4.1 中所有的结点，可以用深度优先或广度优先的方式来遍历。

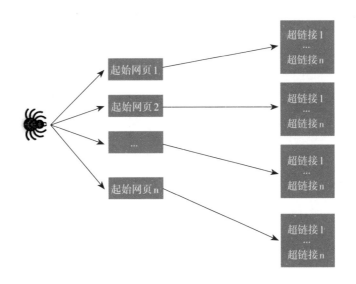

图 5.4.1　爬虫遍历网页示例

如果爬虫选择广度优先遍历，那么它会依次爬取所有第一层的起始网页，第一层网页爬取完之后，再依次爬取每个网页里的超链接。如果爬虫选择深度优先遍历，那么它会先爬取起始网页1，再爬取此网页里的链接，所有从网页1中延伸出的网页都爬取完之后，再爬取起始网页2以及其延伸出的网页，以此类推，直到遍历完所有网页。

在实际应用中，爬虫程序经常是深度优先与广度优先两种策略一起使用，比如在起始网页里，有些网页比较重要（权重较高），那就先对这个网页做深度优先遍历，遍历完之后再对其他起始网页（权重较低）做广度优先遍历。

第 六 章

启发式搜索

6.1 什么是启发式搜索

启发式搜索是一种有信息搜索方法,在搜索过程中除了使用规定的规则外,还使用了一些特定知识,比无信息搜索效率高。我们把搜索过程中使用的这些信息称为启发式信息。

启发式信息是一条经验法则,它将我们引向可能的解决方案。人工智能中的大多数问题具有指数性,解决方案有多种可能。我们很难确切地知道哪些解决方案是正确的,也很难检查所有解决方案,因为这样的代价非常大。因此,启发式信息的使用缩小了搜索范围,并且消除了错误的选项,可以提高搜索效率。启发式搜索在人工智能中起着关键作用。

在启发式搜索中,启发式信息和估价函数的使用十分重要。

启发式信息可以表示为描述状态空间搜索策略的启发式规则,或评价下一节点搜索选择的启发式函数。

估价函数是评价搜索过程中各个节点的代价函数,则节点n的估价函数$F(n)$为:

$$F(n) = G(n) + H(n) \tag{6.1}$$

其中:$G(n)$表示从起始节点S到节点n的实际代价,是一个确定值;$H(n)$是从节点n到目标节点所经最优路径的估计代价,是一个不确定值,取决于启发式信息的掌握程度,故$H(n)$称为启发式函数。

启发式搜索算法分为两大类:全局优先搜索算法和局部优先搜索算法。两者的本质区别在于搜索过程中最优节点的选取方法不同。

全局优先搜索算法在每次选取时,依据估价函数进行节点评估,在选择一个评估值最小的节点作为最优节点之后,不舍弃该最优节点的兄弟节点和父节点,故全局优先搜索算法选取的最优节点是全局最优节点;局部优先搜索算法则在每一次选择最优节点之后,会舍弃该最优节点的兄弟节点和父节点,导致其选取的最优节点并不一定是全局最优节点。

6.2 A*算法

启发式搜索算法有模拟退火算法、遗传算法、蚁群算法、A*算法等,我们介绍最具代表性的A*算法。

1968年，A*算法由斯坦福大学的尼尔斯·约翰·尼尔森（Nils John Nilsson）教授与彼得·E.哈特（Peter E. Hart）和柏特伦·拉斐尔（Bertram Raphael）共同发明，主要运用于人工智能领域中的路径搜索，影响巨大。

A*算法属于全局优先搜索算法，为找到状态空间的最短路径，对全局优先搜索算法的估价函数加上一些约束条件后得到了A*算法。

我们假设A*算法能够找到状态空间的最短路径，该最短路径上节点n的估价函数F'(n)可表示为：

$$F'(n) = G'(n) + H'(n) \tag{6.2}$$

其中，F'(n)是节点n的最小估价值，G'(n)是起始节点到节点n的最小实际代价，H'(n)是节点n到目标节点的最短路经的启发值，则约束条件为：

（1）G'(n)是对G(n)的估计，且G(n)>0；

（2）H(n)是H'(n)的下界，即H(n) ≤ H'(n)。

A*算法是一种特殊的全局优先搜索算法，具有可采纳性、单调性和信息性等性质。

可采纳性：在问题求解过程中，如果存在最短路径，则搜索算法都能够保证找到这条最短路径。

单调性：因为A*算法满足约束条件H(n) ≤ H'(n)，故称H(n)满足单调性；同时A*算法满足约束条件G'(n)是对G(n)的估计，故估价函数F(n)也满足单调性。

信息性：A*算法中H(n) ≤ H'(n)表明，启发式信息掌握得越多，需要搜索的状态就越少，找到最短路径的速度就越快。当然，启发式信息越多需要的计算时间也越多，要根据实际情况进行权衡。

A*算法流程如图6.2.1所示。

A*算法首先创建两个空表（OPEN表和CLOSED表），并将起始节点放入OPEN表中；然后通过估价函数F(n)=G(n)+H(n)来引导整个路径搜索的过程：如果OPEN表为空则算法结束，否则选择OPEN表中F值最小的节点n作为最优路径上的点；同时，针对当前处理的节点n，计算节点n的子节点并加入OPEN表中。如此往复，继续往下搜索直至找到最优路径。

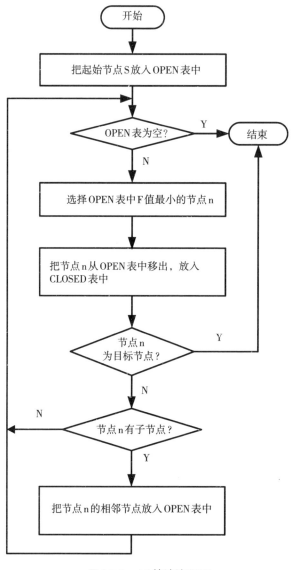

图6.2.1　A*算法流程图

6.3　A*策略应用：营救队友

随着人工智能技术的蓬勃发展，路径搜索成为人工智能领域最热门的一个研究内容。今天，我们将用A*算法来帮助动漫《雄兵连》中的葛小伦和刘闯去营救他们被劫持的队友瑞萌萌。

　　恶魔军团中的上古剑魔阿托在与雄兵连的战争中劫持了瑞萌萌，并将瑞萌萌挟持到他的战舰中关押了起来。在恶魔军团与雄兵连休战期间，雄兵连派出葛小伦和刘闯一起去营救瑞萌萌，当葛小伦和刘闯找到阿托的战舰后，刘闯进入战舰内营救瑞萌萌，葛小伦负责牵制战舰外面的敌人。阿托的这艘战舰有些特别，这艘战舰由七个大的空间组成，战舰的入口处连接着1号空间，战舰的7号空间连接着出口，各个空间之间由一条单向通道连接，且通道中布满机关。瑞萌萌就关押在7号空间。由于刘闯并不熟悉通道中的机关，所以刘闯通过每条通道都要付出相应的代价。

　　由于曾经作战遇到过类似战舰，所以刘闯能估计出通过每条通道要付出多少代价，这里我们将使用A*算法来帮助刘闯找到一条付出代价最小的通道。

6.3.1　刘闯的目标

　　让我们想象一下，刘闯进入战舰后，面对那么多通道该如何是好呢？刘闯必须要找到一条代价最小的路线才能保证安全救出瑞萌萌并撤退。那么我们如何编写A*算法来帮助刘闯找到代价最小的路线呢？

6.3.2　简化搜索区域

　　把搜索区域简化为由7个节点构成的有向图，每个节点表示战舰中的一个空间。如图6.3.1所示。在每个节点上标出的编号就是战舰中空间的编号，箭头上的权值就是刘闯通过每条通道所要付出的代价。现在刘闯刚进入战舰，位于1号空间，瑞萌萌被关押在7号空间。

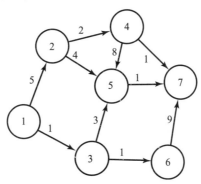

图6.3.1　战舰空间的结构图

6.3.3　OPEN表和CLOSED表

由于刘闯记忆力不好，所以在A*算法使用中，刘闯需要两个列表来记住搜索过的和将要搜索的方块：

（1）OPEN表：用于记录所有被考虑来寻找最短路径的空间（或称为节点），即将要搜索的节点；

（2）CLOSED表：用于记录所有不会再被考虑的空间（或称为节点），即搜索过的节点。

图6.3.2中，刘闯位于1号节点，他将要搜索的节点在与其相邻的2号节点和3号节点之中。为便于理解，我们用棕色的节点代表所有放在CLOSED表中的节点，黄色的节点代表所有放在OPEN表中的节点。

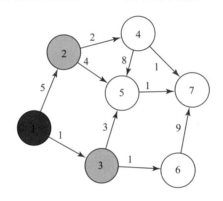

图6.3.2　刘闯在某一节点的情景

刘闯将在这两个节点中选择哪一个节点作为最优节点？我们需要借助路径增量的计算。

6.3.4　路径增量

我们给每个节点一个G+H和值，称为路径增量F。F=G+H，是从起始节点S到目标节点D的路径长度的估计值。

如图6.3.3所示，从图中可以看出从节点1有多条到达节点7的路径，图中用红色箭头标注出了其中的三条路径。路径上的权值是在相邻节点间移动的代价，则当前节点的G值表示从起始节点1到当前节点的移动量。

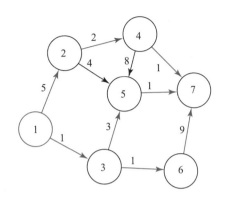

图6.3.3　两条不同到达节点7的路径中的G值

如图6.3.4所示，从4个不同的节点均可以到达7号空间（目标节点）。图中边上的权值是当前节点移动到相邻节点付出的代价，则当前节点的H值表示从当前节点到目标节点的移动量估算值，在本图中就是他们之间的最短路径。

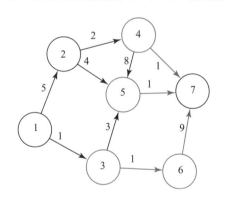

图6.3.4　计算从4个不同节点到达7号空间的H值

6.3.5　营救队友

现在，我们已经知道了如何计算每个节点的和值F（F=G+H），那么让我们来看一看如何应用A*算法帮助刘闯找到营救瑞萌萌代价最小的路线。

步骤1：将起始节点1插入到OPEN表中，该OPEN表具有最小的和值F。

步骤2：从OPEN表删除节点1，将其插入CLOSED表中。

步骤3：判断与节点1相邻的每一个节点m（可通行的节点）：

（1）如果节点m已在CLOSED表中，那么不需要处理节点m。

（2）如果节点m不在CLOSED表中，且节点m也不在OPEN表中，那么将节点m插入OPEN表中，并计算其和值F。

（3）如果节点m不在CLOSED表中，但节点m已在OPEN表中，那么判断节点m的和值F是否更小，若是，则更新节点m的和值F和它的前继。

步骤4：重复执行上述步骤就可以找到最短路径。

下面，我们来看一下刘闯找到营救瑞萌萌路线的具体过程。

第1步：刘闯首先把起始节点1号节点插入OPEN表中，再将其删除并移入CLOSE表中，然后确定起始节点1的两个相邻节点，它们是2号节点和3号节点，计算出它们的和值F，然后把它们插入OPEN表中，如图6.3.5所示。

步骤	OPEN 表	CLOSED 表
	1	
第1步		1
	2，3	

a

b

图6.3.5　第1步

在图6.3.5b中，我们标识出了两个相邻节点为2号节点和3号节点，其中：在节点编号冒号后边的数字表示F，数字F右下角的数字表示G，数字F右上角的数字表示H。同时，位于CLOSED表中的1号节点会用棕色显示出来，位于OPEN表中的2号节点和3号节点用黄色显示出来。

每一次计算F时，都要调用OPEN表。对OPEN表的常用操作有如下四种：

（1）查询操作：访问相邻节点时，首先查询该节点是否存在于OPEN表中。

（2）更新操作：当OPEN表里存在此节点时，若此节点计算后的估价值比将要插入OPEN表中相同节点的估价值大，则替换（更新）该节点在OPEN表中的估价值。

（3）插入操作：访问到新的相邻节点并插入该表中。

（4）删除操作：不断地从 OPEN 表中读取当前估价值最低的节点，读取到之后从 OPEN 表中删除该节点。

第2步：如图6.3.6a所示，刘闯选择 OPEN 表中 F 和值最小的3号节点，将其插入 CLOSED 表中，然后判断对5号节点的相邻节点的具体处理办法。

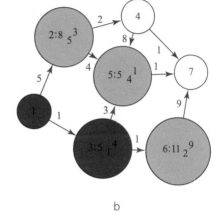

步骤	OPEN 表	CLOSED 表
第1步	1	
		1
	2，3	
第2步	2	3
	2，5，6	

a

b

图6.3.6　第2步

如图6.3.6b所示，3号节点的相邻节点是5号节点和6号节点。将5号节点和6号节点插入 OPEN 表中，并计算它们的 F 和值。

第3步：如图6.3.7a所示，刘闯选择 OPEN 表中 F 和值最小的5号节点，将其插入 CLOSED 表中，然后判断对5号节点的相邻节点的具体处理办法。

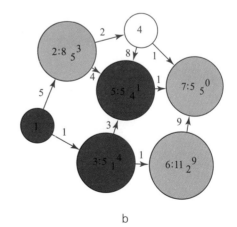

步骤	OPEN 表	CLOSED 表
第1步	1	
		1
	2，3	
第2步	2	3
	2，5，6	
第3步	2，6	5
	2，6，7	

a

b

图6.3.7　第3步

如图6.3.7b所示，5号节点可以到达的节点只有7号节点，将7号节点插入OPEN表中，并计算其F和值。

第4步：如图6.3.8a所示，第3步完成后，OPEN表中有3个节点，它们是2号节点、6号节点和7号节点。其中7号节点的F和值最小，为5，故选择7号节点插入CLOSED表中，然后对其相邻节点进行处理。

步骤	OPEN表	CLOSED表
第1步	1	
		1
	2，3	
第2步	2	3
	2，5，6	
第3步	2，6	5
	2，6，7	
第4步	2，6	7

a

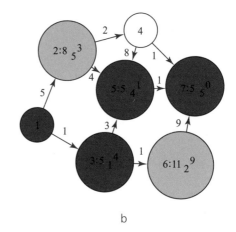

b

图6.3.8　第4步

如图6.3.8b所示，机智且勇敢的刘闯到达了7号节点，付出了最小的代价成功营救了瑞萌萌。

第七章

博弈搜索

7.1　什么是博弈

博弈一向被认为是最富有挑战性的智力活动之一，如下棋、打牌、作战和游戏等。现在的博弈已经不仅仅是人与人的对弈，还有人与计算机的博弈。早在20世纪60年代就已经出现了一些博弈程序，并达到较高的水平。现在，计算机博弈程序已经能够与人类博弈大师进行抗衡。博弈的研究不断为人工智能提出新的课题，可以说博弈是人工智能研究的起源和动力之一。博弈之所以是人们探索人工智能的一个很好的领域，一方面是因为博弈提供了一个可构造的任务领域，在这个领域中，具有明确的胜利和失败，另一方面是因为博弈问题对人工智能研究提出了严峻的挑战。例如，如何表示博弈问题的状态、博弈过程和博弈知识等，这是目前人类仍在探讨的问题。

博弈问题常与对策问题联系在一起，两者都是一种智力的对抗。对策论（Game Theory）用数字方法研究对策问题，一般将对策问题分为零和对策和非零和对策。"零和"，指参与博弈的双方，一方的获益严格地等于另一方的损失，双方的收益之和为零。零和对策中双方的收益之和为零，非零和对策中双方的收益之和不为零。

最典型的零和对策问题实例是田忌赛马。在这个问题中，齐王与田忌都有三匹马，分别是上等马、中等马和下等马。对于相同等级的马，齐王的马比田忌的马好，但田忌的上等马比齐王的中等马好，田忌的中等马比齐主的下等马好。于是，聪明的田忌采取了表7.1.1的对策后一举取胜。

表7.1.1　田忌赛马

齐王的马	对抗	田忌的马
上马	对抗	下马
中马	对抗	上马
下马	对抗	中马

再来看看非零和对策中的经典实例——囚犯难题（the prisoner dilemma）。该问题讲的是两个嫌疑犯A和B，暂时还没有获得他们犯罪的确凿证据。在审讯他们的时候，告诉他们对判刑的规则如表7.1.2所述：

表7.1.2　囚犯难题规则

	A 不承认	A 承认
B 不承认	各判 1 年	A 判 3 个月 B 判 10 年
B 承认	A 判 10 年 B 判 3 个月	各判 6 年

　　根据这个规则，A、B 如何做出决策让自己能够少判刑呢？这也是博弈问题。类似的问题还体现在商业竞争中，美国经济学家纳什（Nash）将求解囚犯难题的方法用于解决经济模型中的问题，因而获得诺贝尔经济学奖。

　　虽然博弈事件千差万别，但每个具体博弈事件的背后或多或少都有着一些普遍的规律。在象棋、围棋和跳棋这些棋类活动中，一般是两人对弈，而且在开始时双方的子力完全相等，局面也是公开的、双方可见的，博弈的双方都可以非常清楚地知道对方所采取的行动以及当前的局面。值得注意的是，在博弈期间，所有的事件都是由博弈双方中的一方控制的，不存在任何的偶然性。这样的事件是最简单的一种博弈形式，称为两人零和、全信息和非偶然博弈。简单博弈事件一般有以下四个要素：博弈的参加者、博弈的行为集合、进行博弈的次序以及博弈方的得益。他们在博弈中分别拥有着不同的作用：

　　（1）博弈的参加者（Players）：以象棋局为例，在一局棋局中，你和对手均是独立且平等的玩家，遵守相同的规则。博弈的参加者也应符合以下三个条件：独立、平等、遵守相同的规则。

　　（2）**各博弈方各自可选择的全部策略（Strategies）或行为（Actions）的集合**：以象棋局为例，对于一盘相同的棋，要取胜有不同的下法。每走一步棋，都可能改变局势，使局面对自己有利，所有的这些下法组成了取胜的策略集合。博弈也是如此，博弈方在决策时，可能有多种可供选择的方法使自身利益最大化，所有这些方法构成了这个集合。

　　（3）**进行博弈的次序（Orders）**：以象棋局为例，你和对手都是棋局里独立的玩家，在你们开始之前得约定好先后规则，比如红棋先走，然后是黑棋，再然后红黑交替，这就是一个先后规则。在博弈里面也是如此，博弈的双方在遵守相同规则的前提下约定好决策的次序，以保证博弈的公平公正。

　　（4）**博弈方的得益**：以象棋局为例，在一局还未定胜负的棋局中，我们每走一步就会对棋局产生影响，这包括自身与对手子的数量变化以及阵容改变，这个影响就称为棋局中的"得益"。同理，在博弈的过程中，我们所采取的每一步行动都会有一个结果来表示该行动组合下博弈方的得失，即得益。

定义一个博弈时，必须首先设定上述四个要素，确定了上述四个要素，也就确定了一个博弈。博弈论就是对各种博弈问题的系统性研究，寻找在博弈各方具有充分或者有限理性（Full or Bounded Rationality）能力的条件下的科学、合理的策略选择，以及该选择所带来的博弈结果，并且对这些结果的实际意义进行分析的理论和方法。

上面介绍的是一般的博弈，对于人工智能来说，我们实际考虑的是机器博弈。机器博弈可以定义为以下四个部分：局面表示、行动集合、博弈树搜索和局面估值。

（1）**局面表示**：对于具体的博弈事件而言，局面表示就是将博弈双方的相关信息存储在机器信息中，用机器信息来表示当前的博弈局面。以中国象棋为例，为便于在分析阶段分析局面，双方各自的棋子，以及各棋子在棋盘所占据的位置、各个棋子的种类都需要以一个固定的格式存在机器中。

局面表示和具体博弈事件息息相关，博弈事件的复杂度越高，局面表示也会越复杂。在局面表示中，能够准确地告知机器每个物体分别属于博弈的哪一方，这是局面表示的一个最起码要求，如果连这个基本要求都无法做到，那么博弈的正确性就无从谈起了。

局面表示的另外一个要求就是为了在分析阶段能够分析局面，对于相同的博弈事件，其局面表示也可能相差很大。以中国象棋为例，按照最简单的手段，可根据它的棋盘位置来划分一个 9×10 的矩阵，然后根据棋子的种类名称，矩阵中的每个值都是一个在 [1, 14] 的整数（用 1~14 的数字分别表示双方的子力），一般情况下，一个整数需要 4Bytes，那么一个局面消耗的内存将是 $9 \times 10 \times 4 = 360$Bytes，尽管一个局面所占据的内存看上去很少，但是在一个优秀的象棋博弈机器中往往会存储上百万张、甚至上千万张棋局的局面表示。这样，其消耗的空间就非常大了，而且读取这些棋局的局面表示所消耗的时间也会非常大。假如用现在最好的位棋盘（bitboard）表示中国象棋的一个局面，由于中国象棋有 90 格，需要 90 位，而机器一般 8 位一读取，这样只需 96Bits 就能够表示一个局面。所以利用位棋盘对中国象棋的一个局面进行局面表示，时间和空间的开销会大大减少！

第九章

局部搜索

9.1　什么是局部搜索

搜索和优化问题可以简单理解为从问题的多个可行解中，求出一个最佳解。近年来由于科学、经济、工程管理等的领域技术发展，各类优化问题变得越来越复杂，难以精确求解，尤其是一些NP-Hard问题。

在实际工程问题中，为了能够在有限的时间内找到一个最优解以满足工程需要，人们往往期望能够得到一些较优的解。这类解通常不是全局最优解但是却非常接近最优解且能够满足实际的工程需要，为了获得这一类解进而产生了近似算法。这种算法具有较快的求解速度，但是不能保证所得的解是全局最优解。多里特·霍赫鲍姆（Dorit Hochbaum）给出了近似算法的基本描述："对于NP-Hard问题，不存在一个确定性算法可以在多项式时间内给出最优解，而近似算法通常可以在有限的运行时间内获得一个较优的解。"通常情况下，近似算法本质上是贪婪算法，而且具有多项式时间规模的复杂度。如果空间有限，他们将找到合适的解决方案，然而许多问题规模是非常大的，有时甚至是无限的，在任何合理的时间内，系统的搜索都不会给出任何有意义的结果。与传统的基于路径搜索的算法不同，局部搜索算法通过评估多个解的空间状态，进而进行相应的调整，其不会从初始解开始探索整个搜索空间中存在所有可能的求解路径。局部搜索算法适用于那些只需要关注解的空间状态，不需要考虑路径代价的问题。局部搜索从初始候选解开始，然后通过迭代评估的方式发现越来越好的解，其基于单个搜索路径，而不是搜索树。对于解决方案已知存在或很可能存在的应用问题，它们通常是高效的候选方法。

自从局部搜索算法的概念被提出后，各种局部搜索算法就不断地被提出或改进，并广泛地应用于各种工程问题中。最早的一种局部搜索算法是K-Opt算法，它是由林（Lin）提出并用来求解旅行商问题（Traveling Salesperson Problem, TSP）。此后，在1983年，Kirkpatrick等人提出了一种里程碑式的局部搜索算法——模拟退火算法用于电路设计中的优化问题。在1986年，弗莱德·格洛弗（Glover）最初提出一种新的启发式方法——禁忌搜索，用于解决各种组合问题。在某些情况下，这种算法是解决NP-Hard问题的最有效方法，能够提供接近最优解的解决方案，即使该方法不是最佳方法。除了上述方法外，近年来研究者还提出了一些基于邻域关系搜索策略的算法，例如变邻域搜索、随机局部搜索等。虽然这些局部算法在理论与实践中都取得了巨大的成功，但是这些局部搜索算法仍然存在一些缺陷，在求解具体问题时，需要具体分析和改进。局部搜索算法的性能与邻域的定义以及初始状态有关，算法容易陷入局部最优解，这是使用局部搜索算法时需要仔细考虑的问题。局部搜索算法从一个初始解开始，每一步在当前领域内找到一个更好的解，使目标函数值逐步优化，直到不能进一步改善。相关研究也开始从其传统的应用领域转向新的领域，这些新领域使研究人员面临新的挑战，这些挑战又要求对方法进行新颖和原始的扩展。

在标准的局部搜索算法中，一个关键的元素是邻域。不同于全局搜索算法，局部搜索算法不搜索解空间中的所有可行解，而是通过邻域的概念进行查找问题的最优解。图9.1.1给出了一个简单的邻域图示。对于给定的点a，假设b>0，则区间[a–b, a+b]是点a的邻域空间，即U(a, b)={x|a–b<x<a+b}。

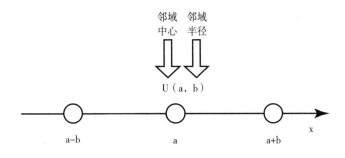

图9.1.1　邻域示意图

局部搜索算法不关心问题的搜索路径，它从当前单个结点出发，通常只移动到它的邻近节点，且算法搜索过程中并不保留搜索路径。局部搜索不是系统化的搜索算法，但是它有两个关键的优点：第一，与传统的搜索算法相比，占用内存少；第二，经常能在系统化算法不适用的情况下找到合理的解，比如状态空间规模很大或无限连续。

为了更好地理解局部搜索，我们借助状态空间地形图进行说明。如图9.1.2所示，图中横坐标表示解空间状态，纵坐标表示启发式代价函数或目标函数。假设图9.1.2中的纵坐标轴表示适应度函数，那么对于一个求解极大值的问题来说，我们的优化目标就是寻找坐标轴的最高点，相反对于求解极小值问题，我们的目标则是找到问题的最低谷。图中"山脊""平坦"等所示的地方通常表示问题的局部最优所在的区间，而检验算法高效的一个标准就是算法能够跳出局部最优。一般而言，局部搜索算法具有完备性和最优性两个概念。

完备性是指如果解存在，则一定可以得到解，如果得不到解说明没有解存在；最优性是指得到的解在某个评价指标上是最优的。原则上，一个设计良好的局部搜索算法在求解复杂工程问题时，总是能够表现出较好的性能。

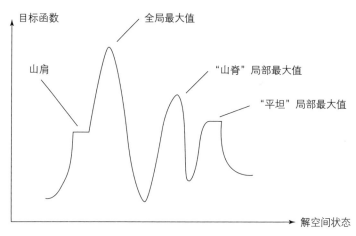

图9.1.2　一维的状态空间地形图

9.2　爬山法

爬山法（Hill-Climbing）也称为最陡上升算法、逐个修改法或瞎子摸象法，是一种局部择优的方法，利用候选解与当前解比较的反馈信息帮助生成解的决策。换句话说，爬山法经过评价当前解与目标解的状态后，通过状态变换函数不断改进当前解，以获得全局最优解。

在爬山搜索中，我们选择任何能提高目标函数当前值的局部变化以实现目标函数的最大改进；在没有局部移动可以进一步改善目标函数的情况下，算法终止。爬山搜索算法一般会得到局部但不一定是全局的最优解。对于许多优化问题，如旅行商问题，这样的局部最优是可以接受的，因为它通常是全局最优值的合理近似。但是，当需要全局最优解时，例如在经典的N皇后问题中，局部最优解通常是一个不可接受的问题。爬山法本质上是一个以循环的方式进行搜索的算法，其会不断地向"峰顶"进行运动直到找不到一个更优的解为止。此时，邻域状态中没有比当前值更好的解。爬山法的伪代码如图9.2.1所示。

Procedure Hill–Climbing

current ← choose an initial solution;

while*termination conditions arenot met***do**

neighbor ← a better successor by neighborhood search;

if*f*(*neighbor*)≥*f*(*current*) **then**

current ← *neighbor*;

end if

end while

图9.2.1 爬山法的伪代码

通常，爬山搜索的主要好处是它只需要有限的内存，并且很容易高效地实现，因为其只存储当前解的状态而不关心其他解的状态。如果搜索空间中存在一个或多个解，爬山法在找到它时可能会非常有效。爬山法是完全的贪婪算法，其能够很快地朝着解的方向发展，因为它可以很容易地改善一个坏的解状态。但是，对于一些多峰复杂的优化问题，爬山法经常会陷入困境，因为其所求的解通常是局部最优解。爬山法的基本流程如图9.2.2所示。

爬山法从产生一个在解空间中的可行解开始，通过随机产生一个当前解的邻域解来实现解的更新与移动，在此过程中算法涉及的一些关键元素如下：

（1）**初始解**：爬山法产生初始解的方式主要是随机产生。具体来说，就是在给定的可行解空间中，随机产生一个可行解作为算法运行的初始解。这种方式对于算法的优化性能有非常大的影响，一个好的初始解可以使得算法在搜索过程中避免局部最优，能够快速搜索到全局最优。另外一种方式是先随机获得一组可行解，通过适应值函数的比较选择一个最优的解作为初始解。这种方式相比较于第一种方式，在一定程度上可以加快算法的收敛性。

（2）**产生新解**：不同于基于种群的搜索算法，爬山法只是通过一个初始解的产生与更新过程来查找问题的最优解。因而，如何产生一个较好的新解对爬山法来说是非常关键的环节。一个基本的方式是给定一个邻域半径，在当前解的邻域半径范围内随机产生一个可行的解，然后通过当前解和邻域解的适应值比较，选取一个较优的解成为新的当前解。

（3）**终止标准**：不同于传统的搜索算法，爬山法可以基于问题的不同灵活

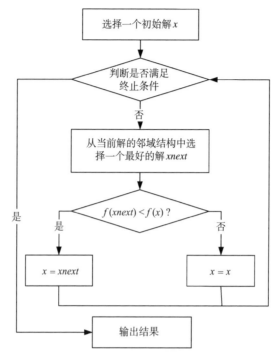

图9.2.2　爬山法流程图

地确定不同的算法终止条件，常见的方式如下：

- 给定一个最大运行时间，若算法满足该条件则终止。
- 给定一个问题的可容许精度误差，当算法获得的解满足该条件时终止。
- 若算法在固定运行次数内当前解没有进一步发生变化，则认为算法已经找到最优解，则算法终止。

爬山法是一种局部贪婪搜索，不是全局搜索算法，因此，容易陷入局部最优，并且无法跳出。一些**改进措施**被提出，产生了爬山法的一些变形算法：

（1）随机爬山法（Stochastic hill climbing）：与爬山法不同，随机爬山法在算法搜索过程中，利用随机性作为搜索过程的一部分，这使得该算法适用于非线性目标问题的求解。同时，它也是一种局部搜索算法，它通过搜索解空间的相对局部区域优化单个解，直到找到局部最优值为止。

（2）首选爬山法（First-choice hill climbing）：不同于随机爬山法，该方法是通过随机生成候选解直到产生一个比当前解更好的解来实现算法的搜索过程。

（3）随机重启爬山法（Random-restart hill climbing）：这种方式是通过预先设定一个搜索阈值或概率状态，在搜索过程中，若算法超过设定的阈值，则重新进行搜索，直至满足终止标准。

9.3　禁忌搜索

禁忌搜索算法（Tabu Search, TS）由弗莱德·格洛弗教授于1986年提出用于求解TSP等组合优化问题。禁忌搜索是一种常用的优化模型参数的元启发式方法。其通常被认为是将"记忆"集成到局部搜索策略中。由于局部搜索有很多限制，因而禁忌搜索的设计就是为了解决这些问题。禁忌搜索的基本思想是惩罚将解带入先前访问过的搜索空间的行为（也称为禁忌）。但是禁忌搜索为了避免陷入局部最小值中，也需要按照某种规则接受非改进的解。禁忌搜索是一种元启发式方法，可指导局部启发式搜索过程来探索超出局部最优性的解空间。禁忌搜索的主要组成部分之一是其对自适应记忆的使用，从而创建了更加灵活的搜索行为。因此，基于记忆的策略是禁忌搜索方法的标志，它是基于对"整合原则"的追求而建立的，通过这种方法可以将记忆功能与有效利用它们的进化策略适当地结合起来。禁忌搜索是一种包含适应性记忆和响应性探索的启发式算法。禁忌搜索的自适应记忆特性允许实现能够有效地搜索解空间的过程。由于局部选择是由搜索过程中收集到的信息引导的，禁忌搜索与严重依赖半随机过程实现采样形式的无记忆设计形成对比。强调探索禁忌搜索算法是否以一个确定的概率实现选择，能够比随机选择方式产生更多可能的解。

类似局部或邻域搜索算法，禁忌搜索算法以相同的方式开始，从一个初始点（问题的可行解）迭代地进化到另一解，直到满足终止条件为止。每个解 x 都有一个相关联的邻域 $N(x) \subset X$，并且每个新解 $x' \in N(x)$ 是通过关于 x 的禁忌移动得到的。考虑目标问题是最小化 $f(x)$。传统的快速下降法仅允许移动到改善当前目标函数值的邻近解，并在找不到改善的解时结束。通过这种方法获得的最终解一般为局部最优值，因为它容易陷入局部最优。禁忌搜索算法允许

图9.3.1　弗莱德·格洛弗教授

使当前解向目标函数值恶化的方向移动，并从调整后的邻域 $N^*(x)$ 中选择当前解。$N^*(x)$ 一般由算法特有的短期和长期记忆表结构组成。换句话说，调整后的邻域结构是维持搜索过程中遇到过的解的历史性选择结果。这意味着 x 的邻域不是静态集合，而是可以根据历史搜索过程动态调整的集合。在基于搜索禁忌策略的禁忌过程中，可能允许对解 x 进行多次访问，但是相应的 $N^*(x)$ 可能每次都会不同，此外，算法在禁忌搜索过程中具有陷入局部最优的风险，因而需要针对具体的问题选择合适的方案进行优化。算法的伪代码如图9-6所示：

```
Procedure Tabu Search
Initialization：Tabu list: Tabu ← {s}, currently best state: best ← s,
whiletermination conditions is not metdo
v ← select (successor(s)\Tabu);
iff(v) <f(u) then
best ← u;
end if
Tabu ← update(Tabu);
v ← u;
end while
```

图9.3.2　禁忌搜索的伪代码

实际上，禁忌搜索是局部搜索的一种高效可复用性的改进方案。禁忌搜索可以被视为局部搜索与短期记忆的简单组合。因此，任何禁忌搜索启发式算法的两个首要基本要素是其搜索空间的定义及其邻域结构。一般而言，禁忌搜索启发式算法的搜索空间只是在搜索过程中可以考虑（访问）的所有可行解的空间。类似传统的局部搜索，禁忌搜索也采用了邻域的基本概念。在禁忌搜索算法的每次迭代中，基于当前解 x 的局部变换在搜索空间中定义了一组相邻解决方案，表示为 $N(x)$（即解 x 的邻域）。

与局部搜索相比，禁忌对象（Tabus）是禁忌搜索的独特元素之一，通过显性禁止当前解移动来偏离局部最优值，有助于帮助搜索远离搜索空间的先前访问部分，从而进行更广泛的探索。例如，在经典的CVRP示例中，如果客户v1刚刚从路线R1移到路线R2，则可以声明禁忌将v1从R2移回R1进行一定数量的迭代（亦称为禁忌长度）。禁忌对象存储在算法搜索过程中的短期记忆（一般称为禁忌列表）中，通常只记录固定且数量有限的信息。在任何给定的上下文中可以记录完整的解决方案，但这需要大量的存储空间，并且使得检查潜在解的禁忌是否昂贵变得更为昂贵，因此很少使用。

通常，标准的禁忌搜索的算法框架如下：首先，初始化一个禁忌列表和可行解，从解的邻域拓扑中产生多个候选解。然后，判断候选解是否满足藐视规则。若满足则将其替代当前解，并将相应的对象加入禁忌表，同时修改禁忌表中各对象的禁忌长度；若不存在上述候选解，则将未禁忌对象对应的解作为当前解，并用该对象替换最早进入禁忌表的对象。如此重复上述迭代搜索过程，直到满足算法停止准则，流程如图9.3.3所示。

禁忌搜索算法因具有自适应的历史记忆功能，在搜索过程中可以根据藐视准则接受较差的解，所以其具有较强的全局搜索能力，能够朝着解空间中的其他区域进行扩展搜索，从而获得更好的解。一个标准的禁忌搜索算法包含以下要素：

（1）**禁忌对象**：通常我们将禁忌表中的元素认为是可禁忌的对象，其目的则是避免循环搜索已经搜索过的解，增强逃离局部最优的能力。这种对象有三

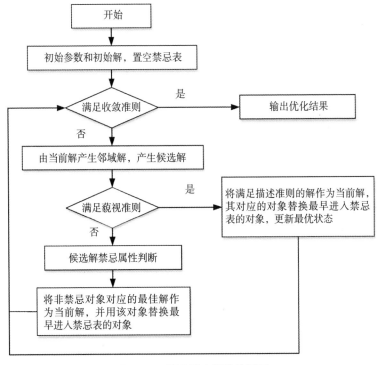

图9.3.3 禁忌搜索算法流程图

种常见形式：一是将当前解作为禁忌对象，二是选择当前解的某一分量作为禁忌对象，三是根据计算不同目标函数的适应度，将其适应值的变化程度作为禁忌对象。通常，第一种方式比另外两种具有较小的禁忌范围，因而需要提供更大搜索空间，会增加计算开销。后两者虽具有较大的禁忌范围，但容易使得算法陷入局部最优。

（2）**禁忌长度**：是指将禁忌对象置于一个先进先出的长度为 L 的队列中，当禁忌对象不符合藐视准则的时候，禁忌长度即为 L。禁忌长度选取需要针对特定的问题和认为经验来确定。禁忌长度分为静态和动态，静态禁忌长度一般是依据问题的规模来设定，动态禁忌长度可以根据问题具体状态来调整，以达到对搜索空间的更好探索。

（3）**候选解**：对于当前解通过邻域动作产生其对应的邻域解，邻域解数量较多，若将邻域解都作为候选解则计算消耗较大，所以通常的做法是从当前解的邻域解中选取一部分较好的解作为当前解的候选解，这样可保证算法在能够获得较好新解的同时降低算法的计算开销。

（4）**藐视准则**：在算法运行中，可能会出现一种极端情况，即所有的候选可行解全部被禁忌，或者存在一个优于历史最优解的禁忌候选解，此时需要使禁忌表中的某些禁忌对象"松动"，以产生新的当前解，从而实现高效的性能优化。藐视规则的常见方式如下：

- 基于适配值准则：这种方式一般分为全局和局部两种形式。前者表示若当前解的候选解集中存在一个比当前解更好的解时，则将此解作为当前解；后者则是基于多空间的概念，通过将解空间划分为多个子空间，每个子空间都采用全局适配值规则进行选择新解，从而实现算法的更新进化过程。
- 基于搜索方向准则：在算法搜索过程中，若某一禁忌对象与上次被禁忌时相比适配值得到改善，且该对象的适应值优于当前解，则认为该对象满足藐视准则，对其进行解禁处理。
- 基于最小错误准则：这种方式是指在禁忌表中不存在一个优于历史最优解的候选解且包含所有的候选解，则对禁忌表中的禁忌对象进行比较以选择最佳的解，从而继续算法的搜索过程直至结束。

（5）**终止准则**：类似其他的搜索算法，常用的终止准则如下：
- 当算法达到指定的最大迭代次数或最大运行时间；

- 在固定运行次数或时间内算法获得的解无法进一步改进时；
- 当前最优解满足给定的误差精度时；
- 以上标准也可以组合起来，以允许更灵活的方式停止算法。

禁忌搜索算法的特点是采用了禁忌技术，算法的不足在于若生成的问题初始解较好，则会增大算法获得一个更好的全局解的概率，相反，一个较差的初始解则会降低算法的搜索广度和收敛速度，从而获得较差的解。为了弥补禁忌搜索算法的不足，合理利用其算法优势，一些常见的**改进策略**如下所述：

（1）**并行化**：近期关于禁忌搜索算法研究的很大一部分涉及各种使搜索更有效的技术。这些方法包括更好地利用搜索过程中可用的信息并创建更好的起点，以及更强大的邻域运算符和并行搜索策略。

（2）**引入新的学习策略**：禁忌搜索算法固有的学习策略简单、易实现，却容易导致算法具有较差的收敛速度和陷入局部最优解。因此，改变或者引入新的学习策略是改进禁忌搜索算法的一种好的研究方向。

（3）**采用混合算法机制**：混合算法的研究也是一种重要的用于改进算法的方式。将禁忌搜索算法与其他先进的算法相结合，整合算法之间的优点，能够有效地克服单个算法的缺点，从而获得更好的优化结果。

（4）**采用动态自适应的控制参数**：自适应参数控制是通过对相关参数的自适应调整逐步逼近系统特性来保证求解精度，其优点是在算法正常运行时，可以比较平稳地实现解的精确跟踪以快速发现全局最优解。

9.4　禁忌搜索求解旅行商问题

旅行商问题（Traveling Salesman Problem，TSP）是在19世纪初提出的一个数学问题，也是著名的组合优化问题和NP-Hard问题。给定一组城市以及每对城市之间的旅行距离，该问题的目标是找到访问所有城市并返回起点的最便宜方法。需要注意的是，针对每一个城市只能访问一次。假设对于城市$V=\{s_1, s_2, \cdots, s_n\}$的一个访问顺序是$T=(t_1, t_2, \cdots, t_n)$，其中$t_i \in V(i=1, 2, \cdots, n)$。约定$t_{n+1}=t_1$，则旅行商问题的数学模型是：$minL=\sum_{i=1}^{n} d(t_i, t_{i+1})$，其中$d(t_i, t_{i+1})$指的是城市$t_i$和城市$t_{i+1}$之间的距离。随着TSP问题中的城市数目的增加，问题的复杂度呈指数上升。以30个城市为例，可能的搜索路径为30！$=2.65 \times 10^{32}$种。若以枚举法求解，假设计算机1秒列举1亿个解，则需要8.4×10^{16}年。这是不切实际的。因此，TSP是典型的NP完全问题，求解非常困难。

以全国31个省会城市、自治区首府、直辖市为例，使用禁忌搜索进行求解。31个城市的坐标分别为[1304 2312; 3639 1315; 4177 2244; 3712 1399; 3488 1535; 3326 1556; 3238 1229; 4196 1044; 4312 790; 4386 570; 3007 1970; 2562 1756; 2788 1491; 2381 1676; 1332 695; 3715 1678; 3918 2179; 4061 2370; 3780 2212; 3676 2578; 4029 2838; 4263 2931; 3429 1908; 3507 2376; 3394 2643; 3439 3201; 2935 3240; 3140 3550; 2545 2357; 2778 2826; 2370 2975]。算法的执行过程如下：

步骤1：初始化城市规模N=31，禁忌长度L=22，候选解的个数CNUM=200，最大迭代次数Gen= 500。

步骤2：计算任意两个城市的距离矩阵D，随机产生一个可行解并计算其适配值，将其赋值给当前最佳解CBEST。

步骤3：对解中的两个城市坐标进行对换。产生CNUM个邻域解，计算邻域解的适配值，并保留前CNUM/2个最好的邻域解作为候选解。

步骤4：遍历候选解，判断其值是否优于CBEST的值。若优于，则直接将其候选解赋值给当前解，并更新CBEST，禁忌表中的对象禁忌长度减少1。反之则判断其候选解是否处于禁忌表中，若该解未被禁忌，则直接赋值给当前解，若禁忌，则继续判断下一个候选解。

步骤5：判断是否满足终止条件。若满足，则算法停止搜索，输出最优解；否则，跳转至步骤3继续进行搜索。

求解TSP问题通常采用的解表示方法是一个向量的表示，其中包含旅行中城市的顺序。例如，向量的第i个元素将包含要访问的第i个城市的标识符。由于TSP的解是一条封闭路径，因此有一条从向量中最后一个城市到第一个城市的边，以结束这个循环。问题的解空间由向量所表示的城市的所有可能排列构成。为了清晰地评估禁忌搜索算法求解TSP问题的有效性，我们记录了不同的迭代次数下算法的优化结果。表9.4.1给出了禁忌搜索算法在迭代次数分别为1、100、300、500次时的运行结果，包括算法获得的旅行路径（优化路径）和相应的城市距离（适应值）。从表9.4.1中可知，随着迭代次数的增加，算法获得的旅行起点和终点在发生不同的变化以获得最佳的旅行路线，同时算法所求解的城市之间的距离也变得更近，表明禁忌搜索算法的优化结果越好。

表9.4.1　禁忌搜索算法在不同迭代次数下的优化结果

迭代次数	适应值	优化路径							
1	38654	**21**	23	25	2	31	28	20	18
		29	5	9	4	22	27	14	12
		30	1	24	19	17	8	6	26
		15	10	11	7	16	13	3	
100	18383	**9**	10	15	1	20	21	22	18
		3	17	19	16	425	23	11	29
		30	31	27	28	26	25	24	12
		14	13	6	7				
300	16469	**29**	20	21	22	18	3	17	16
		4	8	9	10	2	5	6	7
		13	15	1	30	31	27	28	26
		25	24	19	23	11	12	14	
500	15460	21	22	18	3	17	19	24	23
		16	4	8	9	10	2	5	6
		7	13	15	1	14	12	11	29
		30	31	27	28	26	25	20	

图9.4.1给出了禁忌搜索算法在迭代500次后的旅行路线，从表9.4.1可知，算法在500次迭代后获得了更好的全局最优解。算法的优化路径以第21号城市为起点，以第20号城市为终点（见图9.4.1红线所示），所经历的路径约为15459.6239。

图9.4.2给出了算法在500次迭代中的适应值变化曲线。从中可知，算法在前100代时具有较快的收敛速度，在第100—400代时，算法的收敛速度逐渐下降，这表明随着迭代次数的增加，算法的优化结果逐渐逼近全局最优解。在400—500代时，算法收敛曲线几乎不变，表明该算法已经搜索到全局最优解或近似最优解，由表9.4.1可知算法迭代500次后的最终结果近似为15460。综上所述，禁忌搜索算法在求解TSP问题时具有较快的收敛速度，能够跳出局部最优范围，搜索到更好的解。

现实世界中的许多问题都是NP-Hard问题，在有限的多项式时间内该类问题都不能获得最佳的解。多年来，组合优化问题的一般启发式算法，例如模拟退火和爬山法，严重依赖随机性来为NP-Hard问题生成好的近似解。局

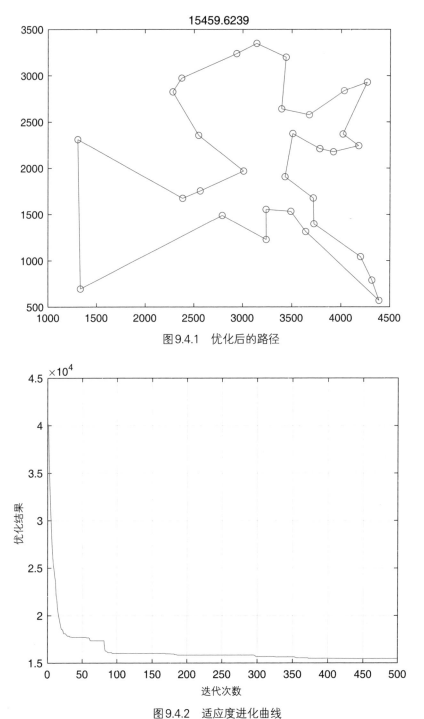

图9.4.1 优化后的路径

图9.4.2 适应度进化曲线

部搜索是大多数启发式搜索方法的基础。它在候选解的空间中进行搜索，例如为每个任务分配一台工作机器。局部从一个随机生成的解开始，根据目标函数移动到一个比当前解"更好"的"邻居"。当所有"邻居"都不如当前的解时，局部搜索就会停止。局部搜索可以很快找到好的解方案。但是，它也可能被困在搜索空间中的局部最优位置，这些位置比所有相邻的位置都好，但不一定代表可能的最佳解。

禁忌搜索的引入和接受开启了启发式方法的一个重要新时代，确定性算法利用历史信息开始出现，并被应用于现实世界。本章描述的局部搜索遵循了这一趋势。禁忌搜索作为局部搜索的一种形式，其中禁忌列表的管理有很大的自由度。大量利用历史信息来将搜索问题分配到搜索空间的不同区域。解的重要结构属性由问题特性捕获，这极大地降低了计算代价。当局部搜索落在一个局部最小值上时，对于出现在局部最小值上的选定特征，可以通过添加惩罚函数的形式逃离局部最优。通过惩罚出现在局部极小值中的特征，局部搜索算法不仅逃脱了访问过的局部极小值（利用历史信息），而且还使选择操作更加多样化。高成本的特征比低成本的特征更容易受到惩罚。注意，多样化过程是有方向性和确定性的，而不是无方向性和随机的。

第十章

模拟退火算法

10.1　模拟退火算法简史

图 10.1.1　尼古拉斯·梅特罗波利斯

图 10.1.2　斯科特·柯克帕特里克

模拟退火（Simulated Annealing，SA）算法是基于局部搜索思想拓展而来的一种随机搜索算法，1953年美国物理学家尼古拉斯·梅特罗波利斯（Nicholas Metropolis）等人使用蒙特卡洛方法求解多分子体系的分子能量分布，梅特罗波利斯被认为是模拟退火思想的最早提出者，奠定了模拟退火算法的理论基础。来自美国IBM公司的物理学家斯科特·柯克帕特里克（Scott Kirkpatrick）、盖拉特（C. D. Gelatt）和维奇（M. P. Vecchi）在1983年发表文章《用模拟退火算法优化》（*Optimization by Simulated Annealing*），该文章以梅特罗波利斯提出的方法为基础，提出了一种新的优化算法，即模拟退火算法，并用其来解决组合优化等问题，虽然欧洲物理学家切尔尼（V. Čarný）在《优选法理论与应用杂志》（*Journal of Optimization Theory and Applications*）上几乎同时发表了类似的成果，但由于该期刊发行量小，其成果并未引起广泛的关注，所以目前学术界广泛认为模拟退火算法是由柯克帕特里克等人在1983年提出的。

模拟退火算法是一种使用梅特罗波利斯稳定抽样准则的随机搜索算法，其思想来源于现实世界中固体物质的退火过程，模拟退火算法将物理退火过程和组合优化问题相结合，使得系统向着能量减小的趋势变化，但是在此过程中，算法能够以某种概率允许系统跳到能量较高的状态，跳出局部最优陷阱，以搜索到全局最优值。模拟退火算法利用了一些概率公式，模拟物理退火过程，使其具有强大的全局搜索能力。在模拟退火算法中，基本不需要利用搜索空间的特点和其他类似信息，而是对邻域空间进行探索，在定义邻域结构之后，选取当前解的邻居，对邻居的值进行评估。模拟退火算法使用的概率可以指导搜索方向，使搜索向有希望的区域移动。模拟退火算法发展至今，无论是理论研究还是应用研究都已十分成熟，尤其是它的应用研究显得格外引人注目，目前已在工程领域得到了广泛的应用，例如调度、网络优化、深度学习、人工神经网络、图像处理等领域。复杂函数优化问题、组合优化问题难以使用普通方法在合理的时间内求解，模拟退火算法的提出有效解决了这些难题。自模拟退火算法提出以来，其研究主要分为两类：一类是研究模拟退火算法本身的模型，即通过研究模拟退火中的马尔科夫链的相关理论，给出算法理想收敛模型的充分或者充要条件；另一类是使模拟退火适配于某些具体的问题，并得出该问题的符合要求的结果。第一类是对算法的理论研究，第二类则注重算法的实际应用及前景。实际上，在现有条件下，研究具有普遍意义的模拟退火定量关系式很难得到令人信服的成果。所以，将模拟退火算法与新思想、新技术相结合是许多学者的研究重点，他们引入新思想，通过实际应用验证其技术的可行性与效果，取得了一些十分有意义的成果。

现在是大数据时代，面对海量的数据，如何处理数据、提取信息是一个重要的问题，这也对优化算法提出了越来越高的要求。许多国内外学者从各个方面改进传统的模拟退火算法，提高了传统模拟退火的收敛速度、稳定性以及求解精度，还有一些学者广泛尝试了模拟退火算法与大数据、机器学习等技术的结合。例如：快速模拟退火算法加速了算法收敛，有效提高了算法性能；自适应性模拟退火算法具有智能性；混合模拟退火算法将遗传算法与模拟退火两者的优势相结合，以提高算法的优化性能。

10.2 模拟退火算法的物理原理

在物理热力学领域，退火现象是物体随时间增加，温度逐渐降低的现象。一般来说，物体的能量状态会随着温度的下降而降低。当温度降低到特定的状态后，会出现冷凝和结晶现象，处于结晶状态下的物体能量状态最低。真实世界中，物体在温度缓慢降低的过程中找到能量最低的结晶状态，但如果退火过程中温度下降速度过快，会导致物体无法达到结晶状态，而会形成图10.2.1中左图所示的非晶形。我们将固体温度提升至充分高，此时粒子的状态如中图所示，再让温度缓慢降低即退火，将会得到右图所示的结果。通过分析可知，在固体温度上升至充分高的过程里，物体内部粒子的状态由有序变为无序，内能增大；物体冷却时，粒子状态逐渐趋于有序，且在降温过程中的每个温度下都达到了状态平衡；最后，粒子再次变为有序，物体能量状态达到最低，此时物体以晶体形态呈现。

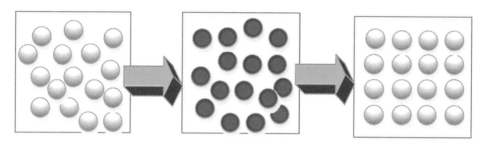

图 10.2.1　粒子运动示意图

物理退火过程主要包括三个环节：

（1）**加温过程**：加温物体，使物体内部粒子趋于无序状态，当加温到一定程度，物体由固体状态变化为液体状态。

（2）**等温过程**：物体与外界的热量相等，达到平衡状态。该过程中，物体不断降温，直到与外界温度相等。

（3）**冷却过程**：物体温度逐渐下降，最终由液体状态变化为晶体。

模拟退火算法是对物理退火过程的模拟，三个环节在算法中都有所体现。物理退火的加温过程在退火算法的温度初始化操作中体现，退火算法的梅特罗波利斯抽样模拟物理退火的等温过程，冷却过程对应于退火算法的退温操作，算法中目标函数值的变化即物理退火中的能量变化，而物理退火最终得到的晶体则对应于算法求得的最优值。在模拟退火算法中，梅特罗波利斯准则以一定概率接受恶化解，是区别于贪婪算法的关键。

下面我们来介绍一下梅特罗波利斯准则。梅特罗波利斯方法可以简单模拟等温过程，但该方法要求在固定温度下大量抽样以达到平衡态，算力耗费大，并不适用于模拟退火算法。梅特罗波利斯等人在 1953 年提出了重要性采样法，这种方法在固定温度下仅抽取有限数量的样本，极大提高了算法的适用性。梅特罗波利斯抽样的具体细节是：在当前温度 T_c 下，通过对当前解 X_i 的扰动产生新解 X_j，两个解的目标函数值分别为 F_i 和 F_j，若 $F_j < F_i$，则接受新解 X_j 作为当前解 X_i，否则如果 $\exp(-(F_j-F_i)/kT_c)$ 大于 0 和 1 之间的随机数，k 是

一个常数，则同样接受新解 X_j 作为当前解 X_i，若还不满足则不对当前解 X_i 进行更新。

组合优化就是寻找问题的最优解 $x* = (x_1, x_2, \cdots, x_N)$，使得 $\forall x_i \in R$，$f(x*) = \min f(x_i)$，其中 $R = \{x_1, x_2, \cdots, x_n\}$ 为所有可行解构成的解空间，$f(x_i)$ 是解 x_i 对应的目标函数值或者代价函数值。实际问题可能需要许多参数和复杂的成本函数。例如，如何以最优的方式决定复合材料在集成电路表面的位置。我们可以最大限度地使用布线来互连这些组件，使整个芯片的面积最小化，最大限度地缩小芯片的制造范围等。成本函数可能非常复杂，参数的数量也很大，可能有 10^3 到 10^5 个变量来指定每个组件的具体位置。梅特罗波利斯接受准则是算法的关键，使得算法有了跳出局部最优陷阱的可能，并最终搜索到问题的全局最优值。使用梅特罗波利斯接受准则的模拟退火过程与真实世界退火过程相似，其相似性见表10.2.1。

表10.2.1　组合优化与物理退火的相似性

组合优化	物理退火
可行解	粒子状态
问题最优解	能量最低态
设定初温	熔解过程
梅特罗波利斯抽样准则	等温过程
控制参数的下降	冷却
目标函数	能量

柯克帕特里克等人受到物理退火过程的启发，意识到梅特罗波利斯准则在优化领域的可应用性，于1983年将退火思想应用到组合优化领域，提出了模拟退火算法。

10.3　模拟退火算法

模拟退火算法的思想来源于固体的物理退火过程：当固体具有很高的温度时，固体中的粒子自由度变大，处于一种快速无序的运动状态；当温度慢慢降低，粒子的自由度变小，慢慢趋于有序的状态，最后温度下降至常温，使粒子又重新回复到有序稳定的状态。简而言之，模拟退火是一种基于蒙特卡洛迭代求解策略的随机寻优算法，特点是对物理退火过程的模拟。算法首先设定一个较高的初始温度，随后随机生成一个初始解作为当前解，然后在当前解邻域中搜索，使用梅特罗波利斯抽样准则更新当前解，随着温度的逐渐下降，重复梅特罗波利斯抽样，直到每个温度下的状态都达到稳定，最终得到问题的最优解。

　　图10.2.2是一个连续函数，假设我们需要求得该函数的最小值，由图10.2.2所示，该函数的全局最优解是C点，局部最优解是B点，A点是起始搜索位置。为了更好地表示模拟退火算法的显著优点，我们将其求解思路与贪婪算法的求解思路进行比较。贪婪算法的思想是只考虑当前状态下效果好的解，不接受比当前解效果差的解，而不从整体上加以考虑，那么贪婪策略会搜索A点的邻居，确定好的搜索方向，显然搜索会朝B点的方向运动，但当搜索到B点时，B点的邻居都不能比B点的结果好，所以贪婪策略会停滞在B点，直至算法结束。模拟退火也使用了贪婪策略，但同时也引入了梅特罗波利斯准则，该准则以一定的概率接受比当前解效果差的解，即当模拟退火搜索到B点时，虽然B点的邻居都不比B点的结果好，但算法还是会以一定概率接受B点的邻居，当算法的迭代次数足够多，算法会跳出B点，向C点的方向搜索，从而寻找到全局最优点。

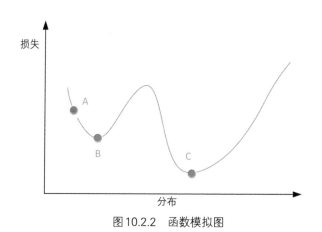

图10.2.2　函数模拟图

　　以目标函数求最小值为例，模拟退火算法的一般步骤如下所示。

　　步骤1：初始化一个解x_0；令当前最优解$x_{best}=x_0$；当前迭代次数$k=0$；初始温度$t_k=T_0$；

　　步骤2：若在该温度内达到内循环终止条件，则转步骤3；否则，按照某一邻域函数，产生一个新解"x_{new}"，并计算目标函数值的增量$\Delta f=f(x_{new})-f(x_{best})$，

- 若$\Delta f<0$，则$x_{best}=x_{new}$；
- 若$\Delta f>0$，判断是否$\exp(-\Delta f/t_k)>$random[0，1]（表示一个0—1之间的均匀随机数），满足条件的话，令$x_{best}=x_{new}$，否则，令$x_{best}=x_{best}$重复第2步。

步骤3：令$k=k+1$，$t_{k+1}=\text{update}(t_k)$（表示退温函数），判断是否满足终止条件，是则转第4步，反之转第2步。

步骤4：输出算法搜索结果。

模拟退火算法运用两层循环：外循环和内循环，外循环主要包括步骤3，体现的是温度的下降，控制算法的停止条件；内循环主要包括步骤2，表示在当前温度t下按照梅特罗波利斯准则抽样L次，L可以看作内循环的步长。图10.2.3对模拟退火算法的详细流程进行了直观展示。

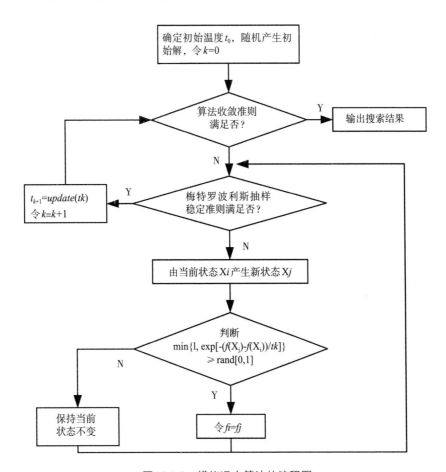

图10.2.3　模拟退火算法的流程图

　　模拟退火算法的流程中包含了3个函数，分别是状态产生函数、状态接受函数和退温函数，此外算法还包括两个准则：算法停止准则、梅特罗波利斯抽样稳定准则。模拟退火算法往往收敛速度较慢，寻优过程长，这是模拟退火算法最大的缺点，为了尽可能克服这一缺点，算法一般设置较高的初始温度、缓慢的降温函数、较低的终止温度和较多的内循环次数，以增加算法寻找全局最优解的概率。

　　从SA算法流程上看，主要包括三函数两准则，且按照邻域结构搜索新的解，梅特罗波利斯抽样稳定准则概率接受效果差的解。可见，模拟退火更新当前解的操作仅仅与新解和当前解有关，且效果差的新解的接受概率由时间控制，这与马尔科夫链的基本概念契合。马尔科夫链的通俗解释就是下一刻的状态仅与当前时刻的状态相关，与当前时刻的前一个时刻、当前时刻的前两个时刻等任何当前时刻之前的时刻的状态是没有任何关系的。如果模拟退火算法在每一温度下均抽样至稳定状态，那么称这种模拟退火算法是时齐的，否则就称为非时齐模拟退火算法。下面我们将分别讨论这两种SA算法的关键操作。

　　（1）状态产生函数

　　状态产生函数用于产生候选解，其操作包括确定领域结构和从邻域结构中选择候选解。邻域结构一般要与待求解的问题相结合，使邻域结构适应问题特征；候选解则一般是从邻域中随机选择。一般而言，待求解问题的特点是候选解产生方式的重要影响因素。概率分布一般采用柯西分布、指数分布、正态分布或均匀分布，状态产生函数的设计应当力求使算法产生的候选解可以分布在整个解空间，这就要求其候选解的产生方式和候选解产生的概率分布的设计必须考虑到待求解问题的特点和性质。

　　（2）状态接受函数

　　状态接受函数一般是一个概率函数，算法以状态接受函数为准则接受候选解，状态接受函数产生的概率应当是随着温度的变化而动态变化的，一般设计状态接受函数应当注意以下几点：

- 在同一温度下，算法接受比当前解效果好的解的概率要高于接受比当前解效果差的解的概率；
- 算法接受比当前解效果差的解的概率应当随着温度的下降而下降；
- 当温度趋于终止温度时，算法只能接受比当前解效果好的解。

经典的状态接受函数如公式（10.1）所示，该公式被广泛应用于模拟退火的几种改进，式中 x_j、x_i 分别代表候选解和当前解，$f(x_j)$ 和 $f(x_i)$ 则分别代表两个解的目标函数值，t_k 是当前温度。

$$P_r = \begin{cases} 1, & if\ x_j < x_i \\ \exp[-(f(x_j)-f(x_i))/t_k], & otherwise \end{cases} \quad (10.1)$$

（3）初始温度

非时齐模拟退火算法的初始温度依赖于退温函数 $t_k = \alpha/\log(k+k_0)$ 中的 α，但现实情况下 α 的值或者下界是很难确定的。时齐模拟退火算法没有这一限制，在其收敛性理论中，初始温度模拟物理退火过程的初始温度，设置为一个充分大的值，使算法开始时较多的候选解可以被接受，以保证算法良好的收敛效果。

初始温度设置得越高，得到优秀的解的概率越大，但算法的运行时间也会随之增加。因此，初始温度的确定必须要在优化质量和算法效率之间均衡，几种常用的初始温度设置方法有：

- 采用均匀采样一批温度状态，以各自温度状态目标值的方差设定为初始温度；
- 在设置合理温度的边界范围内随机产生一批温度状态，计算某两个温度状态之间的目标值的差，并取最大的差值，为该差值设计某种数学函数以确定初始温度值。

（4）温度更新函数

温度更新函数即退温函数。非时齐模拟退火算法与时齐模拟退火算法的温度更新函数略有不同，但其本质都是使温度随着迭代次数增长而缓慢下降。非时齐模拟退火算法的温度更新函数为 $t_k = \alpha/\log(k+k_0)$，温度与退温时间的对数成反比，温度下降速度慢，在 α 的值较大的情况下，温度达到终止温度的时间较长，算法运行时间长。快速模拟退火算法对此做了改进，使用 $t_k = \beta/(1+k)$ 作为温度更新函数，加快了温度下降速度。必须要注意的是，加快温度下降速度可以使算法以较快的速度结束，但并不能保证在算法结束前得到全局最优值，因此在设计温度更新函数时还必须考虑状态产生函数的特点。

时齐模拟退火算法只要求温度最终达到零摄氏度，并不限制具体的温度下降速度，但这并不表明温度下降速度可以很高。时齐模拟退火要求在每一温度下产生无穷多的候选解以达到平衡态，但这在实际应用中是无法实现的。一般来说，温度的下降速度与算法产生的候选解数量有关，两者成正比关系。

（5）内循环终止准则

内循环终止准则用于确定每个温度下产生新状态的次数。几条普遍的内循环终止准则为：

- 连续多次产生的候选解的差异较小；
- 连续多次内循环搜索到的目标函数值的差异较小或没有变化；
- 采用固定值来确定每个温度产生候选解的数量。

（6）外循环终止准则

外循环终止准则即算法终止的条件。经典方法是在算法中设置一个最低温度，当前温度低于最低温度则终止算法，除此之外，外循环终止准则的常用设计方法还包括以下几种：

- 采用特定的终止温度值；
- 采用特定的外循环迭代次数值；
- 连续多次外循环搜索到的目标函数值的差异较小或没有变化；
- 系统熵趋于稳定。

10.4　模拟退火算法求解旅行商问题

上一章我们介绍了如何应用禁忌搜索解决旅行商问题（TSP），模拟退火算法同样可以解决TSP问题，其关键操作主要包括以下几点：

（1）编码选择

TSP问题中的路径采用编码的方式表示，即对路径中的城市进行实数编码，采用城市代表的编号构造路径，如路径2-1-5-4-3对应的路径编码为（21543），实际意义为从城市2开始，先行进到城市1，再依次行进到城市5、城市4、城市3。这种编码形式操作简单，便于结合启发式信息与优化操作。

（2）状态产生函数设计

对于TSP问题，模拟退火算法的状态产生函数一般采用以下几种方式：

- 交换即随机选择两个不同城市的位置并进行对换操作；
- 逆序即将路径中两个位置之间的序列逆序；
- 插入即将路径中的某一点随机插入到路径编码的不同位置。

例如：对于状态（215643），假设两个随机位置为2、5，则交换的结果为

（245613），逆序的结果为（216543），插入的结果为（256413）。

（3）状态接受函数设计

状态接受函数最常用的方案是采用min{1，exp(−Δf/t)}>random(0, 1)准则，该方案具有一定的概率突跳能力，使算法跳出局部最优陷阱，其中Δf为新旧解决方案的目标差值，t为当前温度，random(0, 1)是服从均匀分布的0—1之间的随机数。

（4）初温和初始状态设置

本例中采用10.3节中提到的设置初始温度的第一种方法，具体操作是首先随机生成100个解，并计算这些解的目标函数值，然后求出100个函数值中两两比较后的最大差值|Δmax|，最后计算初始温度T0==−Δmax/lnPr，Pr为初始接受概率，理论上接近于1，在本例中设置Pr=0.98。

（5）退温函数设计

虽然研究表明较低的温度下降速度更有可能搜索到高质量的解，但下降速度过慢会极大延长程序运行时间，本例中的TSP问题规模并不大，因此采用经典的退温函数，即t_k=λt_{k-1}，λ为退温速率，0<λ<1。

（6）算法终止准则设计

在本例中，为了在兼顾算法性能的同时尽可能地降低时间消耗，采用两种准则作为算法终止条件。第一个准则是设定终止温度值，第二个准则是记录算法外循环求得的最优值连续不变的次数，如果温度到达了终止温度，或者最优值连续100次没有变化，则会终止算法，以算法结束时的最优值作为最终的优化结果。

在本案例中，我们使用中国33个城市的真实经纬度作为输入数据，坐标分别为：（115.48333,38.03333;125.35000,43.88333;127.63333,47.75000;123.38333,41.80000;111.670801,41.818311;87.68333,43.76667;103.73333,36.03333;106.26667,37.46667;112.53333,37.86667;108.95000,34.26667;113.65000,34.76667;117.283042,31.86119;119.78333,32.05000;120.20000,30.26667;118.30000,26.08333;113.23333,23.16667;115.90000,28.68333;110.35000,20.01667;108.320004,22.82402;106.71667,26.56667;113.00000,28.21667;114.298572,30.584355;104.06667,30.66667;102.73333,25.05000;91.00000,30.60000;96.75000,36.56667;117.20000,39.13333;121.55333,31.20000;106.45000,29.56667;116.41667,39.91667;121.30,25.03;114.10000,22.20000;113.50000,22.20000）。

SA算法执行过程如下：

步骤1：初始化城市规模N=33，初始温度T0依据初温设置准则求得6.9335e+03，退温速率λ=0.98，终止温度Tend=1e-4，各温度下的马氏链长度L=200。

步骤2：计算任意两个城市之间的距离矩阵D，随机产生一个初始解（一组路径），并计算其距离，将结果赋值给当前解（bestsofar）。

步骤3：通过交换两个随机产生的位置相对应的数来产生候选解。

步骤4：计算候选解的距离，并与当前解相比较：如果候选解的距离小于当前解，则将候选解赋值给当前解；否则，计算候选解与当前解的差值，并判断是否rand( )≤exp(-Δd/T0)，如果是，则将候选解赋值给当前解，反之，舍弃候选解。

步骤5：通过退温函数更新T0。

步骤6：如果此时满足算法终止条件则终止算法，否则回到步骤3。

仿真优化后的路径如图10.4.1所示，适应度进化曲线如图10.4.2所示。

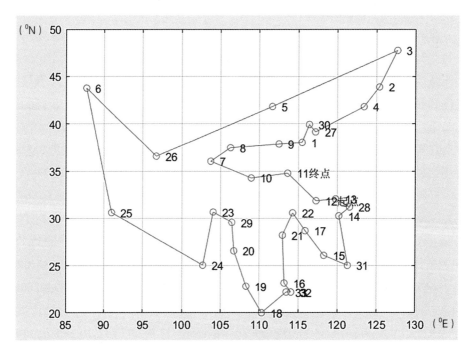

图10.4.1　优化后的路径

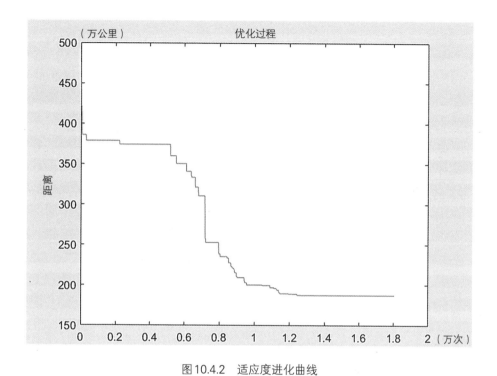

图10.4.2　适应度进化曲线

33个城市采用模拟退火算法优化后的最短路径为168.4143，迭代次数为18046次。

模拟退火算法自被提出起就受到学者们的广泛关注，在众多领域中都有极为成功的应用案例。模拟退火曾经是解决复杂组合问题的一种非常流行的方法，但现在已经退居次席，取而代之的是能够更好地利用问题特征的新算法和启发式算法。尽管如此，由于模拟退火算法的简单性和易于实现，它仍然被广泛使用。同时，SA算法还经常与其他元启发式方法结合使用。模拟退火算法可用于单目标和多目标优化问题，目前已被应用于多个领域：

（1）图像处理：模拟退火算法与其他图像处理算法相结合，可以有效降低程序运行时间，提升图像修复的效果，在安保方面应用广泛。

（2）生物工程：利用模拟退火对基于特性选择的遗传因子多目标模型进行求解，可以预测转录起始点的预测，也可以预测多个损失函数，提升解决方案的多样性。

（3）工业控制：得益于模拟退火算法的易用性，模拟退火可以对工业制造中不相关平行机台的资源分配问题进行迅速求解，还可以参与工业控制器的设计，效果显著。

（4）机械设计：运载火箭弹道设计、高压共轨电喷控油器设计、机械硬盘磁道优化等机械设计都有模拟退火算法的身影，模拟退火可以对机械关键结构进行优化，提高机械制品性能。

（5）电路设计：电力系统中电容器位置规划、规格设计可以使用模拟退火算法进行优化，提高电力系统的电压等级。

（6）网络优化：大规模网络拓扑结构复杂，尤其是传感器网络对时间要求更高，模拟退火算法可以进行多目标模型求解，对网络实施路由优化。

（7）车间调度：模拟退火算法可以有效降低车间调度问题的完工时间，且求解速度快，有效提高车间生产效率。

第十一章

遗传算法

11.1　遗传算法简史

遗传算法（Genetic Algorithm，GA）是二十世纪六七十年代由美国密歇根大学的约翰·霍兰德（John Holland）教授与其同事和学生们研究形成的一个较完整的理论和方法。霍兰德不仅是心理学教授，而且是电子工程学与计算机科学教授。他从自然系统中复杂的生物适应过程入手，模拟生物进化的机制，构造了人工系统的模型。20世纪60年代初，霍兰德在设计人工自适应系统时提出了借鉴遗传学基本原理模拟生物自然进化的方法。1975年，霍兰德出版了第一本系统阐述遗传算法基本理论和方法的专著《自然和人工系统中的适应》（*Adaptation in Natural and Artificial Systems*），其中提出了遗传算法理论研究和发展中最重要的模式理论（Schemata Theory）。因此，一般认为1975年是遗传算法的诞生年。同年，德容（De Jong）完成了博士论文《基于遗传算法思想的纯数值函数优化计算实验》，为遗传算法及其应用打下了坚实的基础。1989年，戈德伯格（David·E. Goldberg）发表了著作《搜索、优化和机器学习中的遗传算法》（*Genetic Algorithms in Search, Optimization, and Machine Learning*），该著作全面系统地总结和论述了遗传算法，从而奠定了现代遗传算法的基础。

进入20世纪90年代，遗传算法进入了兴盛发展时期，其理论以及应用研究都十分热烈，特别是其应用研究更加活跃，使得其应用领域不断扩大。与此同时，使用遗传算法进行优化和规则学习的能力也得到显著提高。此外，在应用研究中不断有新的理论和方法得到快速发展，这些均给遗传算法增添了新的动力。以上因素使得遗传算法的应用研究领域得到了广泛扩展：从初期的组合优化问题求解，扩展到了更广、更新以及更工程化的应用方面。经过20余年的发展，遗传算法取得了丰硕的应用成果和长足的理论研究进展。特别是近年来世界范围形成的进化计算热潮，计算智能已作为人工智能研究的一个重要方向，以及后来的人工生命研究兴起，使遗传算法受到广泛的关注。从1985年在美国卡耐基·梅隆大学召开的第一届国际遗传算法会议（International Conference on Genetic Algorithms: ICGA'85），到1997年5月电气电子工程师学会的《IEEE进化计算汇刊》

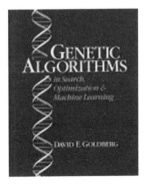

图11.1.1　著作《搜索、优化和机器学习中的遗传算法》英文版封面

（*IEEE Transactions on Evolutionary Computation*）创刊，遗传算法作为具有系统优化、适应和学习的高性能计算和建模方法的研究渐趋成熟。

随着应用领域的扩展，遗传算法的研究出现了几个引人注目的新动向：基于遗传算法的机器学习与神经网络、模糊推理以及混沌理论等其他智能计算方法相互渗透和结合，并行处理的遗传算法研究与进化规划（Evolution Programming，EP）以及进化策略（Evolution Strategy，ES）等进化计算理论日益结合。

11.2　遗传算法的生物原理

遗传算法是一种通过模拟自然进化过程搜索最优解的方法，其基础为达尔文生物进化论的自然选择，以及遗传学机理的生物进化过程。

1859年，英国杰出生物学家、进化论的奠基者达尔文出版了他的巨著《物种起源》。他根据大量无可争辩的事实指出：生物是进化的。物种通过遗传、变异、自然选择和适者生存等方式得到性状分歧而进化。这一理论科学地解释了不同物种的起源并揭示了生物变化和发展的规律。达尔文的生物进化理论的要点是"自然选择"。他认为生存能力更强的生物个体能够更好地适应环境变化并更容易存活下来，因此有较多的机会进行后代的繁衍；相反，那些生存能力较弱的生物个体则更容易被淘汰并得到更少的机会去繁衍后代，甚至导致消亡。物种通过这种自然选择的方式将逐渐地向适应于生存环境的方向进化，最终产生优良的物种。人类也遵循生物进化法则，起源于森林古猿，经过漫长的进化过程，一步一步发展至今，图11.2.1描述了人类进化过程。

遗传是指生物从其亲代继承性状或特性的生命现象，而遗传学就是研究这种生命现象的科学。细胞是构成生物体的基本结构和功能单位。染色体是细胞中含有的一种微小的丝状化合物，包含了生物的所有遗传信息。而基因是带有遗传效应的DNA片段，可以控制生物的各种性状。

遗传物质DNA在细胞分裂时通过复制被转移到新产生的细胞中，从而使得新细胞继承了旧细胞的基因。有时在复制时会以很小的概率产生一些差错，使得DNA发生变异从而产生新的染色体。生物繁殖下一代时，交叉（两个染色体的某一相同位置处的DNA被切断）会使得两个同源染色体在其切断位置前后的两个子串分别交叉组合，导致两个新的染色体生成。

图 11.2.1　人类进化过程

生物进化的本质是通过染色体的改变和改进而体现的，染色体结构变化的表现为生物体自适应环境变化的能力以及自身形态的变化。在生物进化过程中，生物群体不断地进行着发展和完善。在此给出了长颈鹿的进化过程，如图 11.2.2 所示。综上所述，生物进化过程从本质上来说就是一个优化过程，计算科学可从中得到借鉴。

第一代　　　　　　　　　　　第二代　　　　　　　　　　　第三代

图 11.2.2　长颈鹿进化过程

11.3　基本遗传算法

从计算机的角度来看待生物进化过程，我们认为其主要包含以下一些
要素：

（1）种群和种群大小

种群是由个体组成，每个个体对应生物中的染色体，用来表示对应要求解
问题的一个解。种群大小或者种群规模指的是种群中个体的数量，一般情况下
是一个常数。通常，种群规模越大越好，但种群规模的增大也会带来运算时
间的增大，一般种群规模设为100—1000（大数据时代也可以考虑大规模并行
GA）。为了获得更好的优化效果，有时在特殊情况下种群规模设置为与遗传代
数相关的变量。

（2）个体的编码方法（Encoding Scheme）

种群中的每个染色体是由基因构成的，而染色体与优化问题的解之间的对
应是通过基因表示的。因此，个体的编码方法即是如何将染色体进行正确的编
码来表示问题的解，也是遗传算法中最基础和最重要的工作。

（3）遗传算子

遗传算子模拟了种群后代的繁衍过程，主要有交叉和变异等算子。

交叉：交叉是遗传算法中最重要的算子，它作用在两个染色体上，通过组
合两者的特性从而产生新的后代染色体。图11.3.1给出了生物的染色体交叉过
程。遗传算法的交叉过程就是模拟了生物的染色体交叉过程。在交叉算子中，
最简单的方式是在选定的双亲染色体上随机地选择一个断点，然后互换断点的
右段，形成两个新的后代染色体。需要注意的是，遗传算法性能的优劣在很大
程度上是由交叉运算的性能决定的。

在交叉算子中，交叉概率用来控制选定的双亲染色体是否进行交叉，通常
记为p_c，其取值范围为0到1。显然，高的交叉率可以帮助算法搜索到更大的
解空间，避免陷入局部最优解；但是交叉率太高，算法会耗费大量的计算时间
去搜索不必要的解空间。因此，为了提高算法的性能，我们需要设置合适的交
叉概率。

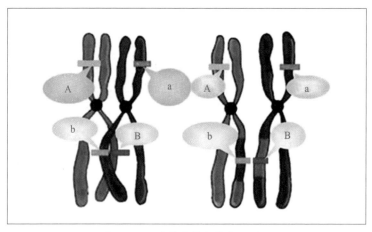

图11.3.1　生物中染色体交叉过程

变异：变异算子是在染色体上产生随机的变化。图11.3.2给出了生物的染色体变异情况。遗传算法的变异也是模拟生物的染色体变异。变异算子中最简单的一种变异方式是随机地替换一个或多个基因。变异算子可以帮助找到选择过程中丢失的基因，或者产生初始种群中未出现的基因，从而帮助种群进化。

变异概率用来控制染色体是否会发生变异，通常记为p_m。变异概率决定着新基因加入种群的比例。变异率太低会导致一些有用的基因难以进入种群，而变异率太高可能导致后代个体失去双亲个体中的优良特性，从而导致算法失去经验学习的能力。

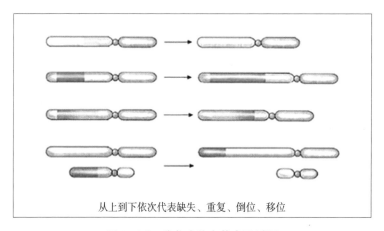

从上到下依次代表缺失、重复、倒位、移位

图 11.3.2　生物中染色体变异过程

（4）选择算子

选择算子是指参照适应度函数值并按照预先选定的策略从父代种群中选择一些个体生存下来。选择算子借鉴了生物进化过程中"适者生存，优胜劣汰"的思想，来保证优良基因能够保留下来并遗传给下一代种群个体，其较为常见的选择策略是正比选择策略。

（5）终止条件

在遗传算法中，最大迭代次数（进化代数）是最为常用的算法终止条件。

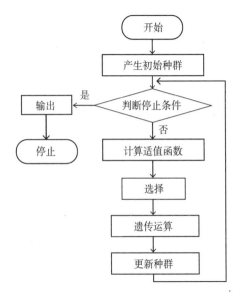

图 11.3.3　基本遗传算法的流程图

遗传算法的流程如图 11.3.3 所示，其**基本步骤**包括染色体的编码、初始种群的生成、适应度函数的计算、遗传算子、选择算子以及停止条件。下面分别介绍其中每个步骤的具体实现。

（1）初始种群的产生

初始种群一般是随机产生的，其产生方式由染色体的编码方法决定，其大小一般由计算机的计算能力和计算复杂度决定。

下面给出一个染色体 $X=(x_1, x_2, \cdots, x_n)$ 编码的例子，其采用 0-1 编码，具体产生方式如下：随机产生 $\xi_i(0 \le \xi_i \le 1)$，则有：

$$x_i = \begin{cases} 1, & 若 \xi_i > 0.5 \\ 0, & 若 \xi_i \le 0.5 \end{cases}$$

（2）染色体的编码

在遗传算法中，染色体编码也是个体编码，表示优化问题的解。每个染色体表示为$X=(x_1, x_2, \cdots, x_n)$，染色体中的每一位$x_i$是一个基因，每一位的取值称为位值。$n$为染色体的长度。霍兰德提出的基本遗传算法使用二进制编码，即染色体可表示为长度固定且每位均为0或1表示的字符串表。例如一个长度为$n=7$的染色体可表示为$X=(0110010)$。个体编码的目的是为了能够有效地执行遗传操作，如图11-7所示。遗传运算是在编码空间进行，对染色体的评估和选择则在解空间进行。遗传算法的一个显著特点是交替地在编码空间和解空间进行操作。显然，这里一对一映射是最好的编码方式。

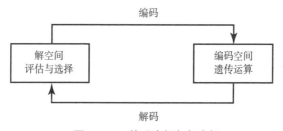

图11.3.4　编码空间与解空间

例如，假设一个问题的解是整数50，则用二进制编码可表示为$X=(0110010)$，其具体的编码解码过程如图11.3.5所示。

图11.3.5　编码与解码过程

（3）适应度函数的计算

适应度函数的设计一般依赖于目标函数。假设目标函数用$f(x)$表示，适应度函数用$F(x)$表示，则可将目标函数$f(x)$映射为适应度函数$F(x)$。假设目标函数为最小值，则适应度函数可通过加负号转为求最大值，如下所示：

$$F(x)=-\min f(x)$$

同理，对于目标函数求最大值且为正时，则适应度函数可直接求解最大值：

$$F(x)=\max f(x)$$

（4）遗传算子

遗传算子主要有交叉和变异算子两种，他们是遗传算法的精髓。下面首先介绍变异算子。变异算子根据变异概率p_m任选染色体中的若干基因位去改变其位值。假设染色体编码为0-1编码，则通过反转位值进行变异。因为变异算子本质上是对染色体的基因位按照小概率发生变化，通常情况下变异概率设定为5%以下的比较小的数。

交叉算子主要有单切点交叉和双切点交叉两种，下面分别进行介绍。

- 单切点交叉是一种最基本的交叉方法，其基本思想为：根据交叉概率p_c从种群中选择两个染色体p_1和p_2并随机选择一个切点，切点两侧可看成两个子串，交换右侧或左侧的两个子串可得到两个新的染色体C_1和C_2。图11.3.6给出了一个单切点交叉的例子。显然，切点的位置范围应该在第一个基因位之后、最后一个基因位之前。设染色体长度为n，切点的取值范围为$[1, n-1]$。单切点交叉操作的信息量比较小，交叉点位置的选择可能带来较大偏差。通常在实际应用中，双切点交叉被采用较多。

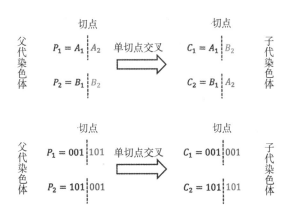

图11.3.6　单切点交叉

- 双切点交叉和单切点交叉方法类似，主要的不同点是在个体中随机选择两个切点。其基本思想为：根据交叉概率p_c在种群中选出两个染色体p_1和p_2并随机选择两个切点，然后交换两切点之间的子串可得到两个新的染色体C_1和C_2。双切点交叉的例子如图11.3.7所示。通常交叉概率p_c取较大的值，例如0.9。

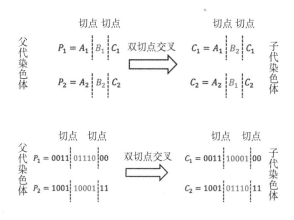

图11.3.7　双切点交叉

（5）选择策略

正比选择策略是最常用的选择策略，其基本思想为：个体的适应度值与群体中所有个体适应度值总和的比例作为个体被选中的概率。假设个体i的适应度值为F_i且种群规模为NP，则个体i的选择概率为$P_i = \dfrac{F_i}{\sum_{i=1}^{NP} F_i}$。计算出选择概率就可以借助轮转法来实现选择操作。下面简要介绍一下轮转法。

图11.3.8给出了轮转法的示意图，轮转法模拟博彩游戏中的轮盘赌，将整个转轮分为NP个大小不同的扇面，分别对应着不同的个体。扇面的大小表示每个个体的适应度值占全部个体的适应值总和的比例，并且整个转轮由这些比例值占据。通常，如果个体的适应度值较高，则其会对着较大圆心角的扇面。如果个体的适应度较小，则其会对应着较小圆心角的扇面。因此，转轮停在的扇面上的概率正比于该扇面的圆心角。

令$P_i = \sum_{j=1}^{i} P_j$，在选择个体时共转轮NP次，每次转轮时，随机产生$\xi_k (0 \leqslant \xi_k \leqslant 1)$，当$P_{i-1} \leqslant \xi_k < P_i$，则选择个体$i$。

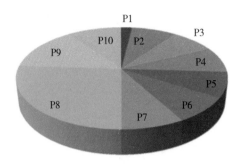

图 11.3.8　轮转法

（6）停止条件

算法的停止条件有多种设计方法，其中最常用的是预先指定一个最大的演化代数。算法终止的依据为算法的演化代数达到预先指定的最大演化代数。除此之外，还有以下几种常用的停止准则：

- 算法的执行时间达到预先指定的最大执行时间；
- 个体适应度值在连续若干代后仍没有明显的改进；
- 种群的多样性程度降低到某个预先指定的阈值；
- 算法运行过程中，评估个体适应度值的总次数达到预先指定的最大次数。

11.4　遗传算法应用：求解旅行商问题

我们仍然以经典的旅行商问题为例，看看遗传算法是如何求解 TSP 问题的。

（1）初始群体设定

随机生成一个规模为 NP 且每条染色体的长度都是 n 的初始种群。在这里，我们定义一个 pop 矩阵来表示群体，该矩阵有 NP 行、$n+1$ 列。

（2）适应度函数的设计

采用距离的总和作为适应度函数，适应度值越大表明个体越好。适应度函数如下：

$$F(X_i) = \cfrac{1}{\underset{X_i}{\sum_{j=1}^{n-1} d_{X_{ij}X_{i(j+1)}} + d_{X_{in}X_{i1}}}}$$

（3）选择策略

采用正比选择（Proportional Selection）策略，个体选择概率表示如下：

$$P_i = \frac{F(X_i)}{\sum_{i=1}^{NP} F(X_i)}$$

（4）遗传运算

• 变异算子

本例中变异概率设为 $p_m=0.02$，其具体步骤描述如下：

步骤1：从种群中按照变异概率 p_m 选出一个个体，例如 $X_1=\{2,3,6,1,9,7,4,5,8\}$。

步骤2：随机选择两个变异位置（3和6）。

步骤3：直接交换这两个变异位置的值，得到新个体 $C_1=\{2,3,7,1,9,6,4,5,8\}$。

• 交叉算子

本例中采用双切点交叉来实现，交叉概率设为 $p_c=0.9$。图11.4.1给出了一个双切点交叉的例子，其具体步骤描述如下：

步骤1：从种群中按照交叉概率 p_c 选出两个个体 X_1 和 X_2。

步骤2：随机选择两个切点（3和6）。

步骤3：将个体 X_1 和 X_2 两切点之间的子串进行交换，得到两个中间个体 Y_1 和 Y_2。

步骤4：修复不合法位置，生成新个体 C_1 和 C_2。具体做法：检查个体 Y_1 和 Y_2 中切点之间的子串，子串中各位的值若有和本个体其他位置重复的值，则这两个个体的子串重复位置的值进行交换，从而生成新个体 C_1 和 C_2 中，保证新个体中的每个基因位上的值不重复，即城市不重复。如图11.4.1所示，Y_1 和 Y_2 中的第4位和第5位同该个体中的其他位置上的值有重复，因此需要交换个体 Y_1 和 Y_2 中第4位和第5位上的值。

图11.4.1　双切点交叉的例子

　　根据以上的遗传算法设计，我们给出用遗传算法求解4个城市的对称TSP问题的计算过程，TSP问题中城市间路径长度矩阵如表11.4.1所示。对称TSP问题指两座城市之间来回的距离是相等的。使用遗传算法求解过程的基本步骤如下：

步骤1：初始化种群。设定参数：种群规模NP=5，最大迭代次数NG=10，初始时刻t=0。

步骤2：判断停止准则，即判断最大代数是否达到NG。

步骤3：计算适应度值。

步骤4：采用轮转法进行正比选择。

步骤5：执行遗传操作（双切点交叉和基本位变异）。交叉概率P_C=0.9，变异概率P_m=0.02。

步骤6：更新种群，返回步骤2。

表11.4.1　TSP问题中城市间路径长度矩阵

城市	1	2	3	4
1	0	2	13	5
2	2	0	4	8
3	13	4	0	1
4	5	8	1	0

下面分别给出具体求解过程：

第1步： 初始种群

根据设定的初始参数生成初始种群，表11.4.2给出了初始种群的编码、适应度值以及个体选择概率。种群适应度值 $S = \sum_{i=1}^{5} F(X_i) = 0.183$，个体平均适应度值 $\bar{F} = \dfrac{S}{5}$，个体选择概率 $P_i = \dfrac{F(X_i)}{S}$。

表11.4.2 生成的初始种群编码、适应度值以及个体选择概率

i	编码	F(Xi)	Pi	PPi
1	1324	1/30	0.182	0.182
2	2314	1/30	0.182	0.364
3	1342	1/24	0.227	0.591
4	3142	1/30	0.182	0.773
5	4213	1/24	0.227	1.000

第2步： 正比选择操作

基于表11.4.2、图11.4.2给出了个体选择概率柱形图。在进行遗传操作时，父亲和母亲的选取采用正比选择策略（轮转法）。

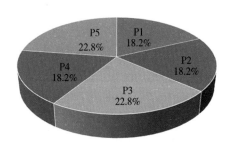

图11.4.2 个体选择概率柱形图

第3步： 遗传操作运算

初始种群经过遗传操作（双切点交叉和基本位变异）运算后，生成了第一

代种群，表11.4.3给出了第一代种群的编码、适应度值以及个体选择概率。

表11.4.3　生成的第一代种群编码、适应度值以及个体选择概率

父亲	母亲	切点	变异否	编码	X_j	$F(X_j)$
[1] 1324	[2] 2314	2,3	N	1324	30	1/30
[5] 4213	[3]1342	1,3	N	4312	24	1/24
[5] 4213	[1] 1324	2,4	N	4321	12	1/12
[3] 1342	[4] 3142	1,2	N	1342	24	1/24
[2] 2314	[5] 4213	2,4	N	2413	30	1/30

图11.4.4　初始种群至第一代种群演化过程

图11.4.4给出了初始种群至第一代种群演化过程，可以得出如下结论：第一，整个种群有所改善，平均适应度值增大；第二，以4开始的编码较好，例如S5，以3开始的编码较差，例如S4。

初始种群中第5个个体（简称S5，编码为4213）的适应度值为0.227，其适应度值较高，经过遗传操作后，在第一代种群中其数量从1增加到2。初始种群中第4个个体（简称S4，编码3142）的适应度值为0.182，其适应度值较差，经过遗传操作后，在第一代种群中其数量从1减少到0。从演化过程中可以看出，种群中好坏个体数量的变化是由其适应度值在整个种群中所占比例所决定的，符合适者生存规律。

第4步：重复执行以上步骤2和3，直至达到最大演化代数终止算法执行，

得到的适应度值最高的个体即为所求最优解。

　　遗传算法本质上给出了一种用于求解复杂系统优化问题的通用框架。针对问题的种类，该框架具有很强的鲁棒性且不依赖具体的问题领域，因此得到了广泛的应用。下面介绍一些遗传算法的**主要应用领域**。

　　（1）函数优化：针对实际应用中函数的复杂性以及多样性，学者们构造了连续/离散函数、凸/凹函数、低维/高维函数、单峰/多峰等各类函数，并根据这些函数来评估遗传算法的性能。遗传算法可以很好地求解非线性、多模型、多目标的函数优化问题并获得较好的解，而传统的优化方法则难以进行求解。

　　（2）生产调度问题：实际的生产调度问题难以建立精确的数学模型进行求解，如果这些问题经过简化之后进行求解，所得结果经常与实际结果相差甚大。遗传算法能够有效地求解复杂调度问题，例如生产车间调度、生成规划、任务分配等实际问题。

　　（3）组合优化：组合优化问题的搜索空间会随着问题规模的增长快速增长，传统的枚举法难以得到其精确最优解。而遗传算法则可以找到这类复杂问题的满意解，并在路径寻优、装箱、图形划分等问题上得到成功的应用。

　　（4）遗传程序设计：遗传程序设计是一种基于树型结构进行遗传操作的能够自动生成计算机程序的一类演化方法。目前遗传法已在该领域得到了一些成功的应用。

　　（5）机器学习：遗传算法的自学习能力本身就是机器学习领域中很需要具备的能力。目前遗传算法已成功应用于分类器学习、隶属度函数学习、神经网络结构以及连接权优化等领域。

　　（6）自动控制：在自动控制领域，遗传算法也得到了较好的应用，例如航空控制系统的优化、控制系统中的参数优化、模糊控制器的优化设计等。

　　（7）智能控制：作为具有复杂的自适应人工系统特征的机器人系统，遗传算法本身所具有的自适应性非常适合求解该领域问题。目前遗传算法已在机器人运动轨迹规划、机器人路径规划、机器人结构优化和行动协调等方面得到较为广泛的应用。

第十二章

贝叶斯优化

12.1　什么是贝叶斯优化

贝叶斯优化（Bayesian Optimization, 简称BO）方法是一种利用先验知识引导采样的高代价黑盒优化算法。贝叶斯优化于二十世纪七八十年代由学者乔纳斯·莫库斯（Jonas Mockus）提出和完善。在20世纪90年代提出全局优化算法（EGO）方法后，贝叶斯优化方法在工业领域得到广泛的关注。在21世纪初，贝叶斯优化的研究重点从统计和工程领域向机器学习领域拓展，并在计算机图形学、深度网络调参、自动算法配置、自动机器学习等方面取得应用。

贝叶斯优化的基本思想来源于一个真实的故事。在20世纪50年代的南非威特沃特斯兰德（Witwatersrand）群岛。一位名叫克里格（Danie G. Krige）的地图测绘人员在评估当地的矿藏分布。由于每一次的勘探都需要耗费大量的时间、经济成本，所以任务只允许少量的挖掘勘探。但是过少的勘探位置又很难精确估计矿藏资源的精确分布。面对这样的问题，克里格假设矿藏分布地势是连续分布的，试图根据几个钻孔的样本来估计黄金最可能的分布。这种方法被称为距离平均加权的黄金等级估计方法（distance-weighted average gold grades）。克里格在评估矿藏资源分布的工作中积累了宝贵的经验。1960年，他的导师、法国著名数学家乔治斯·马瑟龙（Georges Matheron）整理和完善了这些方法，提出了统一化的求解思路。为了纪念克里格的开创性工作，这一种方法被命名为克里金方法（Kriging）。克里金方法的本质是一种利用已有的观测数据对未知位置的一种差值方法，之后被广泛用于地质勘探和气象预测中，在优化领域也被称为贝叶斯优化。

这样的问题同样存在于当今社会。信息、互联网、大数据技术的蓬勃发展为生物、物理、计算机领域以及金融、通信、航空等行业创造了巨大的生机。以大数据驱动的应用通常都具备如下特点：用户规模大、软件系统复杂、计算架构异构等。这些复杂的系统包含大量的设计决策，其性能的评估函数不仅包含多峰、高维、非凸等挑战，通常还具备函数值不可知（黑箱）、函数评估代价高等困难。问题的优化目标无法用解析表达式描述，而是需要花费高额的代价（时间、经济、人力等成本）才能观测到目标函数。例如抗病毒疫苗的研制工作，疫苗的配方是自变量，疫苗的效果（免疫率）作为函数输出。临床试验作为评估疫苗的常用手段，希望找到一种可靠的疫苗配方可以极大程度地使被接种对象产生免疫。但是这样的过程很难用一系列明确的解析表达式去描述。

同时，疫苗的实验面临着检测时间长、不良反应等风险，是一类高代价的评估问题。又如，工业天线设计领域，天线设计结构会严重影响其电磁学性能。以天线结构为设计变量，天线的性能（电磁学评估指标）为优化目标，非规则的天线结构很难用明确的公式表示其性能，而基于有限元分析的电磁仿真软件存在计算代价高、评估时间长的问题。再如，机器学习领域，深度网络的结构决定了模型最终性能。为了拓展网络的结构，网络结构自动化搜索已成为当下的研究热点。人工网络结构设计严重依托于专家知识。以网络结构为设计空间，网络的性能参数（准确度、复杂度）为优化目标，网络的性能无法通过表达式直接计算，需要通过梯度传播的方法进行训练得出。深度网络的训练是一个耗时、耗资源的过程，是一类高代价的评估问题。针对这类问题，贝叶斯优化是一种有效的解决方法。侧重于减少评估代价，能够只经过较少数次的目标函数评估就可以得到近优解。因此，贝叶斯优化广泛应用于评估代价大的优化问题。贝叶斯优化在其他领域也被称为序贯优化（sequential optimization）、高效全局优化（efficient global optimization, 简称EGO）。贝叶斯优化已经应用于推荐系统、机器学习、自然语言处理、迁移学习、生物、化学、环境学等领域，展示出令人瞩目的发展前景。

12.2 贝叶斯优化基本原理

在科学研究和工业设计中广泛存着设计优化问题。例如，工程师通过设计合理的结构提升车辆的刚度性能，生物制药领域通过调整合适的分子组合设计新型药物，食品加工厂通过优化原料配比实现成本和口感的双赢。通常，我们可以将这些设计问题表示为黑盒最优化问题加以求解（我们只考虑最小化问题，最大化问题可通过取负值操作转换成最小化问题）：

$$x^* = argmin_{x \in \chi \in R^d} f(x) \tag{12.1}$$

其中，x表示d维决策向量，χ表示决策空间，f表示黑盒问题的抽象目标函数。对应上述例子，x可以表示车辆结构设计方案、分子结构组合、食品原料比例等，$f(x)$可表示为系统结构仿真软件，药物、食品优劣评估指标。

贝叶斯优化的目标是找到公式（12.1）中的全局最优解。通过获取未知目标函数$f(x)$的信息，找到下一个评估位置，从而快速找到最优解。那么，贝叶斯优化是如何做到这一点的呢？直观上，这是因为迭代过程中每次迭代都采样最有"潜力"的点进行评估，只要保证足量的迭代次数，算法最终一定会收敛到全局最优解。

贝叶斯优化顾名思义，是采用了贝叶斯定理作为基本指导思想，即未知函数 f 在观测数据 $D_{1:t} = (x_1, y_1), (x_2, y_2), ..., (x_t, y_t)$ 上的概率分布为 $p(f|D_{1:t})$。由贝叶斯定理可以展开如下：

$$p(f|D_{1:t}) = \frac{p(D_{1:t}|f)p(f)}{p(D_{1:t})}$$

（12.2）

其中 $p(D_{1:t}|f)$ 表示未知函数 f 的似然分布，$p(f)$ 表示 f 的先验概率分布，即对未知目标函数状态的假设。$p(D_{1:t})$ 表示边际化 f 之后似然分布，这个概率分布通常是多个条件概率乘积的积分。该边际似然在贝叶斯优化中主要用于优化超参数。贝叶斯优化的过程是对一个未知的黑盒函数进行先验假设，然后利用采样数据，逐步完善后验概率分布的过程。其本质是在未知空间上建立一个足够大的先验假设，然后在采样点不断被采集的过程中，更新后验概率，使其趋于拟合真实的未知函数。

图12.2.1显示了对于未知函数建立足够大的先验假设的模型，然后增加观测数据，假设空间得到压缩后的区域如图12.2.2所示。

我们可以看出，通过增加采样数量，可以增加模型后验分布的置信度。但是在高代价黑盒优化背景下，在保证模型准确的情况下，采样数量应该尽可能少。贝叶斯优化面临的问题就是如何在有限的采样数目下，对建模空间有一个较好的探索，即平衡"开发"（exploitation）与"探索"（exploration）的关系。这就需要使用恰当采集函数指导确认下一个采样点。

整体来看，贝叶斯优化主要包含两个核心模块：概率代理模型（probabilistic surrogate model）和采集函数（acquisition function）。

（1）概率代理模型：包含先验概率模型和观测模型。先验概率模型即 $p(f)$；观测模型描述观测数据背后潜在的数据分布情况，即似然分布 $p(D_{1:t}|f)$。通过获取更过的观测数据可以更新公式（12.2）中的后验概率分布 $p(f|D_{1:t})$，使其更接近真实问题 f。

（2）采集函数：通过已经得到的后验概率分布来构造一个采集函数，然后通过最大化采集函数可以找到最具潜力的评估点，同于接下来的采样。同时合理的采集函数可以保证贝叶斯优化过程中序列化采样的总损失最小，损失可以表示为 regret：

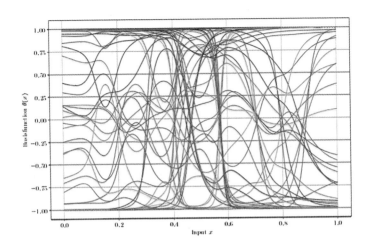

图 12.2.1　先验假设模型

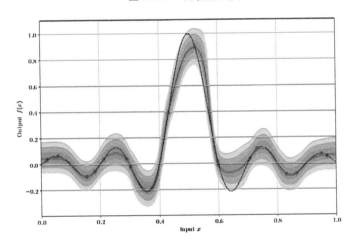

图 12.2.2　修正后的假设空间

$$r_{t=|y_*-y_t|} \tag{12.3}$$

也可以表示累计 regret：

$$R_t = \sum_{i=1}^{t} r_i \tag{12.4}$$

其中，y_* 表示当前最优解。

当贝叶斯优化选择高斯过程代理黑箱函数，并使用置信边界主动选择策略

171

时，该方法能够保证公式（12.4）对迭代次数 t 是亚线性的，即当迭代次数 t 趋于无穷时，公式（12.4）趋于0，即损失最小。

12.3　贝叶斯优化算法

贝叶斯优化是一种迭代算法，主要由三个步骤组成：

步骤1：通过最大化采集函数确认最有潜力的位置作为一下个采样点 x_t。

步骤2：通过黑箱目标函数评估采样点 x_t 的真实函数值 $y_t = f(x_t) + \epsilon t$。

步骤3：利用新得到的一组观测数据 $<x_t, y_t>$ 更新历史观测数据集，并利用新的观测数据集更新概率代理模型，然后重复第一步。

图12.3.1为贝叶斯优化框架。

算法 1. 贝叶斯优化框架.
1: for t=1,2,… do
2: 最大化采集函数,得到下一个评估点: $x_t = \arg\max_{x \in \mathcal{X}} \alpha(x \mid D_{1:t-1})$;
3: 评估目标函数值 $y_t = f(x_t) + \varepsilon_t$;
4: 整合数据: $D_t = D_{t-1} \cup \{x_t, y_t\}$,并且更新概率代理模型;
5: end for

图12.3.1　贝叶斯优化框架

图12.3.2为贝叶斯优化应用在一维函数上连续2次迭代的示例图。图中横坐标是决策空间，确定了自变量 x 取值范围。蓝色曲线是自变量对应的目标函数 $f(x)$，在真实问题中往往是评估高代价且不可知的。黑色虚线表示模型的预测函数曲线以及95%的置信度区间（不确定度）。下方紫色曲线表示采集函数。红色菱形表示已观测点。五角星标注的是采集函数最大化位置，即下一评估点位置，从上到下依次为第7次到第8次迭代。从图中可以看到，每次迭代选择的评估点都是上次迭代采集函数最大化的位置。在迭代过程中，预测函数形状和采集函数形状都在变化。这是因为概率代理模型用于网络其他新数据后在不断更新。

本质上，因为贝叶斯优化使用代理模型拟合真实目标函数，并根据拟合结果主动选择最有"潜力"的评估点进行评估，避免不必要的采样。因此，贝叶斯优化也称为主动优化（active optimization）。同时，贝叶斯优化框架能够有效地利用完整的历史信息来提高搜索效率。

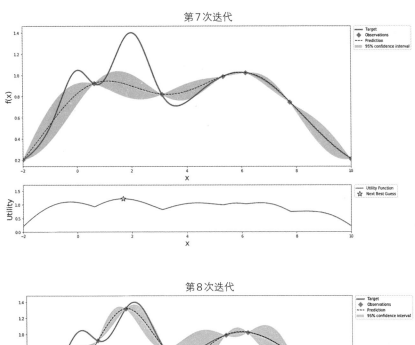

图12.3.2　贝叶斯优化在一维函数上的示例

下面将对贝叶斯化中的两个核心模块——概率模型、采集函数做进一步介绍。

（1）概率模型

高斯过程并不是唯一适用于贝叶斯优化的概率模型，但是由于其先天的概率特性，成为众多贝叶斯框架中的主要选择。

机器学习模型通常可以定义为$p(y|\theta, x)$，其中θ是需要优化的参数。一般的机器学习模型会预先定义好参数的规模和求解方法，然后通过训练数据去优化

这些参数值，从而达到模型参数的最优。不同于传统的参数方法，高斯过程是一类非参数方法，即模型参数并不是固定的，它取决于训练数据的规模。高斯过程描述的不再是一个关于参数化方程的参数概率分布，而是关于模型本身的一个概率分布。换句话说，高斯过程的概率分布是直接分布在所有可能的模型上的。

模型拟合的目的是为了学习从数据到模型再到预测的过程。$p(y|m,x)$，模型 w 的预先定义会限制模型的表达能力，所以高斯过程希望从数据 D 去直接预测 y，即 $p(y|x,D)$。展开来看：

$$P(y|x,D) = \int_m P(y|x,m)P(m|D)d_m \qquad (12.5)$$

M 表示所有可能的模型，所以该公式包含了数据集 D 所有可能的模型，利用每一个模型都对 y 预测一个概率，最后可以得到 y 概率的分布。这样模型的灵活性将得到提高。

其中假设模型满足高斯分布 $P(y|x,D) \sim N(\mu,\delta)$，高斯过程完全由均值函数 m 和方差 k 决定：

$$f(x) \sim \mathcal{GP}\left(m(x), k(x,x')\right) \qquad (12.6)$$

高斯过程不会为每一个 x 返回一个标量的 $f(x)$ 作为返回值，而是返回一个正态分布在 $f(x)$ 处的均值和方差，如图 12-5 所示。黑色实线表示高斯过程代理模型对给定数据的目标函数预测的均值，阴影部分是均值加减方差后的区域。在 $x_{1:3}$ 处叠加的高斯分布对应的均值和标准差分别为 $\mu(\cdot)$ 和 $\sigma(\cdot)$，我们可以直观地将高斯过程视为一个函数。

（2）采集函数

上一节我们介绍了用于替代黑箱复杂目标函数的概率模型。本节将介绍贝叶斯优化中的另一个关键环节——模型的更新策略，即采集函数。

采集函数依赖于采样数据集 $D_{1:t}$ 的后验分布。通过最大化采样函数来寻找最优潜力的采样点，然后指导优化算法确定下一个评估点 x_{t+1}：

$$x_{t+1} = max_{x \in \chi}\alpha(x; D_{1:t}) \qquad (12.7)$$

• 基于提升的策略

基于提升的策略是一类常见的采集函数构造策略。该类策略选择对当前最优目标函数值有提升的位置作为新的采样点。例如在最小化问题中，提升是指

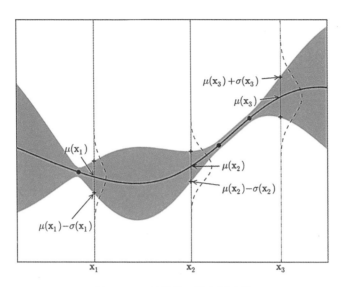

图12.3.3　简单的一维高斯过程

比当前函数值还小的点。

可能性提升（probability of improvement，简称PI）反映了待采样点x的观测值可能对当前最优目标函数值提高的概率大小。PI策略的表达式如下：

$$\alpha_t(x : D_{1:t}) = p(f(x) \leq v^* - \zeta) = \phi\left(\frac{v^* - \zeta - \mu_t(x)}{\sigma_t(x)}\right) \qquad （12.8）$$

其中，v_*为当前找到的最优函数值，$\phi(.)$为标准正态分布累积密度函数，ζ参数是用于平衡全局搜索和局部开发的参数。如图12.3.3所示，在最优值附近，PI采集函数可以达到很大的值，当离最优值比较远时，PI的函数值很小。通过最大化PI函数可以确认下一次的采样点。其中，通过调整参数ζ，可以防止搜索过程陷入局部极优。当设置的ζ比较大时，$f(x) \leq v^* - \zeta$的概率值都比较小，公式（12.8）呈现出平缓的形态，则当前的采样策略偏向于全局搜索。当设置的ζ值比较小时，PI函数的变换相对敏感。此时的搜索更侧重于局部开发。

PI策略中，利用概率描述某个采样点对原目标值提升的可能性，但是忽略了提升值的大小。即PI策略将所有的提成认为是等量的。为了可以将提升量的大小用于指导算法的采样决策。一种新的提升策略被设计：期望提升策略（expected improvement，简称EI）是一种改进的提升策略，将目标值的提升量考虑到采样点的选择中。EI采集函数为：

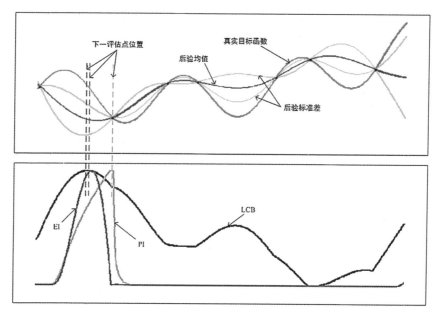

图12.3.4　几种常用的采集函数

$$\alpha_t(x:D_{1:t}) = \begin{cases} \left(v^* - \mu_t(x)\right)\phi\left(\frac{v^* - \mu_t(x)}{\sigma_t(x)}\right) + \sigma_t(x)\phi\left(\frac{v^* - \mu_t(x)}{\sigma_t(x)}\right), & \sigma_t(x) > 0 \\ 0, & \sigma_t(x) = 0 \end{cases} \quad (12.9)$$

其中，$\phi(.)$为标准正态分布概率密度函数。如图12.3.4所示，在相同的目标函数下，EI策略选择的新采样点x与PI策略不是一致的。EI策略（12.9）包含了PI策略（12.8）。同时又将提升量的大小考虑其中。同时，EI策略也可以利用参数ζ去平衡算法在不同阶段的收敛和开发偏好。

• **置信边界策略**

置信边界策略（Confidence Boundary，简称CB）是一种广泛使用在强化学习中的策略。2010年相关学者设计了适用于高斯过程的置信度边界策略GP-CB。当求解问题是极小化问题时，使用置信度下界策略（GP-LCB）：

$$\alpha_t(x:D_{1:t}) = -\left(\mu_t(x) - \sqrt{\beta_t}\sigma_t\right) \quad (12.10)$$

当求解极大化问题时，采用置信度上界策略（GP-UCB）：

$$\alpha_t(x:D_{1:t}) = \mu_t(x) + \sqrt{\beta_t}\sigma_t(x) \quad (12.11)$$

当概率模型的不确性比较大时，置信度函数的函数波动比较大。例如在图 12-5 中，LCB 函数在不确定性大的地方可能存在局部极值。同样，参数 β_t 可以控制采样点在全局探索和局部开发之间的偏好。

• 其他策略

前面介绍的两类采样策略是贝叶斯优化过程中最常见的方法。当然，除了这些方法，还有基于信息的策略和组合策略。

在基于信息的策略中，有更倾向于寻找最优值的策略和降低全局不确定的策略两种方法。利用汤姆森采样（Thompson Sampling）方法，通过随机采样的方法从观测数据中采样得出一个收益函数。然后通过最大化收益函数来确定下一次的采样位置。该策略更加强调采样点对目标值的改善。相反，基于熵的搜索策略是为了改善全局的不确定性，通过计算数据的熵信息，选择熵小的区域进行采样，进而提高概率模型的精度。

单一的优化策略无法保证在所有的问题上都适用。为了提高贝叶斯优化方法在不同问题上的适应性和优化过程的鲁棒性，可以设计组合策略来支持算法的搜索，即通过结合多个采样策略来防止单一策略在特定问题上的失效和错误。基于这种思想，GP-Hedge 算法采用组合策略将 PI、EI、UCB 三种策略组合在一起。每一次采样前，都会计算三种采集函数给出的最优采样点，然后根据之前每种采样函数获得的累计收益大小来确定最终的采样方案。这种方案的本质是采用风险对冲的思想，利用历史数据预测最符合当前问题的采集函数方案。GP-Hedge 平衡了单一方案在特定问题上的不确定性，提高了整体采样结果的鲁棒性。

12.4　黑盒优化

我们假设一个一维空间上的目标函数是评估高代价的黑盒函数，为方便可视化，给出其解析表达式（注：在优化过程中，函数解析式不可知）：

$$sin(5x) \times \left(1 - tanh(x^2)\right) \tag{12.12}$$

它在（−2，2）区间上的区间如图 12.4.1 所示：

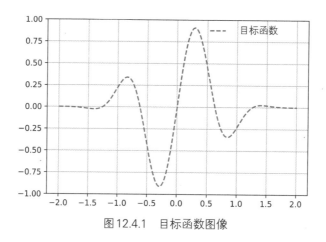

图 12.4.1　目标函数图像

　　接下来将介绍如何使用贝叶斯优化技术迭代对问题进行求解。本例中，使用高斯过程作为概率模型，LCB 作为采集函数。最小化该问题。贝叶斯优化过程核心的两步是：

　　（1）最大化采集函数，确定下一个采样点；

　　（2）评估采样点更新概率模型。

　　图 12.4.2 展示的是贝叶斯优化过程中的循序采样过程，其中左边一列中，红色虚线表示带求问题的真实函数图像，蓝色虚线表示当前代理模型的输出的均值信息，蓝色阴影表示模型输出的方差（置信度信息）。纵轴方向上，阴影范围越小，表示高斯过程在该点的预测越准确。红色点表示当前的采样点，其中纵坐标是通过目标函数（黑盒函数）真实评估后的值，所以该点一定落在红色虚线上。并且，该点是真实观测点，所以模型输出的均值一定也经过该点。同时该点的预测置信度最高。右侧一列是对应迭代次数下 LCB 采集函数的可视化结果，红色点表示当前采集函数最大化采样潜力（本问题是一个求极小值的问题，所以是最小化 LCB 函数值）后确认的下一步采样点位置。

　　下面我们开始优化：

　　1. 在第一次迭代中，由于对模型没有任何先验信息，所以可以认为在区间 [-2, 2] 中随机采样一个点，这里我们以 x=1 为例。通过黑箱函数可以得到该点的观测值为 f(x) = -0.228。由于观测数据不足，概率模型的输出，在全区域内都是一个较差的置信度。但是这样的结果并不影响算法的迭代。当前概率模型对应的 LCB 输出函数如图一行二列所示。最小值出现在 x=-2（采集函数认为的最有潜力的点）。

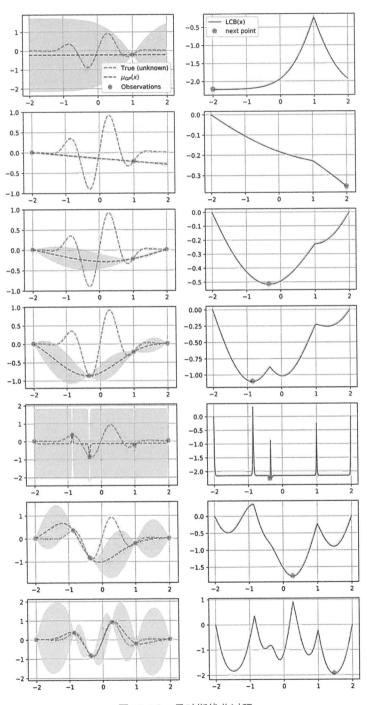

图12.4.2　贝叶斯优化过程

2. 接下来将会对 x=-2 作为新的采样点重复步骤1的过程，对新采样点评估，更新模型，最大化采样函数（这里最小化LCB输出值）。确定下一个采样点。

3. 图12-7显示，通过7次迭代，模型输出的均值和真实黑盒函数的图像已经很接近了，同时也找到了问题的近似最优值x=-0.367，f(x) = -0.836。

优化、设计类问题在科学研究和工业领域无处不在，这类系统的规模、复杂性逐步增加。这类复杂却可以直接执行的系统可以看成一个黑盒问题。作为优化复杂黑盒问题的有效手段，贝叶斯优化已被应用于许多领域：

（1）推荐系统：谷歌、微软等互联网公司将贝叶斯优化技术应用于网站的推荐系统设计中。根据订阅者订阅的网站、视频、音乐等内容为订阅者推荐他们可能会感兴趣的新闻内容。

（2）机器学习、嵌入式系统及系统设计：在机器人两足、多足步态优化问题中，贝叶斯优化技术被用于解决传统方法评估次数多、代价高、易陷入局部最优的问题。在这些应用中，概率模型采用高斯过程，采集函数使用PI函数，实现了对机器人步态的快速评估。同时贝叶斯优化在嵌入式系统中也得到了尝试。相关学者利用局部环境的贝叶斯优化，在高纬度空间中控制机器人臂的运动。

（3）自然语言处理：在自然语言处理领域，贝叶斯优化技术被用于文本术语提取任务，可以针对特定的问题选择合适的文本表述。实验结果表明，经过优化后的简单线性模型可以达到与复杂模型相似的主题分类准确度。

（4）迁移学习：面对海量的训练数据，贝叶斯优化技术可以帮助技术人员从多领域数据中自动地选择有价值的数据作为训练数据，提高模型的性能。

（5）生物化学领域：在化学、晶体等领域存在高代价优化任务。面对这样的问题，贝叶斯优化技术被用于在晶体表面寻找分子最稳定的吸附位置，提升合成键位置的预测质量。在生物领域，全基因组选择和神经影像预处理重采样过程中使用贝叶斯优化，可实现在少量采样代价的前提下提高准确度。

（6）环境监控：环境监控任务中，由于位置限制、信号干扰、电源消耗等问题，传感器的位置确定是一个高代价的设计问题。贝叶斯优化技术被应用于确认传感器位置，利用少量的传感器可以监控室外温度的变化和交通的拥堵情况。此外，贝叶斯优化可以增强嵌入式机器人在未知环境中的主动采样能力，提高对环境的测量和感知。